WESTEND

Karl Ludwig Schweisfurth

TIERISCH GUT

Vom Essen und Gegessenwerden

WESTEND

Mehr über unsere Autoren und Bücher:
www.westendverlag.de

Die Deutsche Nationalbibliothek verzeichnet diese Publikation in
der Deutschen Nationalbibliografie; detaillierte bibliografische Daten
sind im Internet über http://dnb.d-nb.de abrufbar.

Mix
Produktgruppe aus vorbildlich bewirtschafteten
Wäldern und anderen kontrollierten Herkünften
www.fsc.org Zert.-Nr. GFA-COC-001262
© 1996 Forest Stewardship Council

ISBN 978-3-938060-31-5
© Westend Verlag Frankfurt/Main
in der Piper Verlag GmbH, München 2010
Satz: Fotosatz Amann, Aichstetten
Druck und Bindung: Pustet, Regensburg
Printed in Germany

Inhalt

Prolog

Vor einigen Jahren sagte mir mein Freund Joachim, ein Städter und Intellektueller, der sich schon in mittleren Jahren für ein Leben auf dem Lande entschieden hatte:»Weißt Du, wichtig auf dem Dorf ist nicht so sehr, *was* gesagt wird, sondern *wer* was sagt. Wenn es der Pastor sagt oder der Apotheker oder einer aus dem Dorf-Adel, dann gilt es plötzlich. Dass ein paar Außenseiter – zum Beispiel ein Zugereister wie ich – das schon jahrelang sagen, spielt keine Rolle. Das wurde geflissentlich überhört oder als grünes Gerede abgetan.«

Vielleicht gilt für das globale Dorf, also für unseren Planeten Erde, ja Entsprechendes?

Ich bemerke erfreut, dass die Vereinten Nationen – der Welt höchste Instanz in Richtung Politiker, Agrarexperten und Verbraucher – inzwischen exakt das sagen und belegen, was Vordenker, Querdenker und Öko-Pioniere schon eine geraume Weile hinausgerufen haben:»Unsere schöne neue Welt-Agrarpolitik bringt uns um. Es sei denn, wir ändern sie.«

Es ist mir eine große Freude, Anita Idel, Mitautorin des bahnbrechenden UN-Weltagrarberichtes, die einleitenden Worte zu geben. Dass diese Einleitung deutlich länger geraten ist als branchenüblich, geht umso mehr in Ordnung, als die folgenden Darlegungen Hintergrund und Fundament meines Zukunftsentwurfes sind: Weniger Fleisch, aber besseres – eine Vision mit Bauanleitung.

Karl Ludwig Schweisfurth
Herrmannsdorf bei Glonn, Dezember 2009

Wir haben es in der Hand
Eine Einleitung von Anita Idel

»Vollgefressen – leergegessen? Ernährung im 21. Jahrhundert« – so lautet der Titel einer Podiumsdiskussion auf dem Evangelischen Kirchentag im Mai 2009 in Bremen. Es ist das erste Mal seit seinem erzwungenen Rücktritt, dass ich wieder auf den ehemaligen Bundeslandwirtschaftsminister Karl-Heinz Funke treffe, der wegen der BSE-Krise im Januar 2001 Renate Künast das Ministerium überlassen musste.

Die Einladung erhielt ich als Mit-Autorin des ersten umfassenden Berichts der Vereinten Nationen (UN) zur Landwirtschaft und Ernährungslage: *International Assessment of Agricultural Knowledge, Science and Technology for Development* (kurz: IAASTD). Er war das Ergebnis eines vierjährigen sogenannten »Assessments«: Circa 500 Experten und Expertinnen hatten zwischen 2005 und 2008 die relevante Literatur studiert und sich mehrfach in Untergruppen getroffen, um die Ergebnisse zu diskutieren und zu bewerten. Die Medien nennen diese weltweit angelegte Großstudie, die im April 2008 der Weltöffentlichkeit vorgestellt wurde, meist *Weltagrarbericht*, in Analogie zum Weltklimabericht.

Schnell wurde die Debatte mit Karl-Heinz Funke hitzig. Es ging um EU-Agrarbeihilfen sowie um Exportsubventionen in Entwicklungs- und Schwellenländer. »Wie kann es sein«, fragte ich, »dass zum Beispiel in Kamerun Bäuerinnen und Bauern auf ihren Hühnern sitzen bleiben, weil auf ihren lokalen Märkten Hühnerfleisch aus der Europäischen Union zu Dumping-Preisen angeboten wird?« Karl-Heinz Funke gab sich global-fundamental: »Frau Idel, ich will Ihnen mal etwas sagen: Das ist so, das war schon immer so, und das wird immer so sein: Nur wer am billigsten produziert, überlebt.« Also doch »business as usual« statt des so überfälligen Paradigmenwechsels? Das Murren unter den mehr als 2500 Menschen im Saal war deutlich hörbar. »Herr Funke, Sie haben recht, wenn Sie sagen, dass das so *ist*. Aber das heißt erstens, dass es billiger ist, Hühnerfleisch nach Kamerun zu exportieren, von Hühnern, die in der EU mit Futter gemästet worden sind, das in Übersee mit hohem Einsatz von Pestiziden und chemischem Dünger angebaut worden ist, und die dann anschließend verarbeitet, eingefroren und nach Afrika transportiert worden sind. Und das heißt zweitens, dass es teurer ist, in Kamerun eine lokale Hühnerzucht zu betreiben – mit kurzen, wenig energieaufwändigen Wegen, mit Futter aus der Region, Schlachtung in der Region und Vermarktung auf lokalen Märkten. Und das heißt drittens, dass wir das Agrarsystem ändern müssen, denn wir brauchen in der Politik ökologische und soziale Nachhaltigkeitskriterien, damit es künftig *anders* wird!«

Wir auf dem Podium haben uns nicht einigen können, aber dem Publikum ist einmal mehr deutlich geworden, dass *billige* Fleisch- und Milchprodukte letztlich nur eine Illusion sind. In Wirklichkeit kommt *billig* die Bürger und Bürgerinnen *teuer*, fördern doch die Industrieländer die intensive Tierhaltung durch mehrfache Subventionierung aus unseren Steuergeldern. Ob importierte Futtermittel, chemische Dünger und Pestizide, ob industrieller Stallbau oder Energiekosten für Herstellung und Transporte – in jeder dieser Positionen stecken staatliche Fördergelder.

Mehr als die Hälfte des weltweiten Schweine- und Hühnerfleisches, ein Zehntel des Rinder- und Schaffleisches und mehr als zwei Drittel der Eier werden industriell hergestellt. Weil sich neben den Subventionen auch die Kosten für die Folgen von Klimawandel und Umweltverschmutzung nicht in den Produktions- und Produktpreisen niederschlagen, sind die agrarindustriell hergestellten Produkte nicht wirklich, sondern nur scheinbar billig. Die Zeche für diese Auslagerung der Kosten zahlen wir; und zwar *zusätzlich* zu den Steuergeldern auch mit dem Verlust einer gesunden Umwelt und unserer eigenen Gesundheit.

Die Lösung dieser Probleme müsste eigentlich ganz oben auf der Prioritätenliste unserer Politiker und Politikerinnen stehen. Aber Wirtschafts- und Finanzkrisen rücken diese weitaus existenzielleren Krisen aus dem Blickpunkt des öffentlichen und politischen Interesses: So geraten Bemühungen um mehr Klimaschutz – obwohl immer wieder zur Chefsache stilisiert – ins Hintertreffen. Und die weltweite Ernährungskrise, die 2008 noch die Schlagzeilen füllte, ist zunehmend zur medialen Nebensache geworden. Die Landwirtschaftspolitik sieht sich – trotz (oder wegen?) des immer größeren Technikeinsatzes und des steigenden Energie-, Chemie und Ressourcenverbrauches – einer weiter steigenden Zahl Hungernder und Mangelernährter gegenüber. 2009 schätzte die Welternährungsorganisation (FAO) ihre Zahl auf über eine Milliarde, darunter viele Millionen Kinder. Jeder siebte Mensch auf diesem Globus kämpft Tag für Tag ums Überleben. Das haben nicht zuletzt die Hungerrevolten offenbart, die es in die Schlagzeilen und Abendnachrichten geschafft haben.

Derweil leben wir in den Industrieländern durch enormen Ressourcenverbrauch weit über unsere Verhältnisse. Drastisch deutlich wird das am Beispiel unseres Fleischkonsums: Der tägliche Pro-Kopf-Verbrauch liegt in den Industrieländern bei mehr als 200 Gramm. Die weltgrößte medizinische Fachzeitschrift *The Lancet* empfiehlt maximal 90 Gramm Fleisch pro Person und Tag.

Ursachen, Triebkräfte und Folgen der Landwirtschaftsentwicklung standen im Zentrum des von 2005 bis 2008 erarbeiteten Weltagrarberichtes. Es ging dabei nicht nur um einen Lagebericht, sondern darum, mit Tiefgang die Frage zu untersuchen: »Wie sind wir hierhin gekommen?« Und es ging schließlich darum, Lehren für eine nachhaltige Entwicklung zu identifizieren.

Es galt, das Welthungerproblem nicht isoliert, sondern im sozialen Kontext wahrzunehmen, denn Hunger, Armut und Krankheit bedingen und verschärfen sich gegenseitig. Folglich beschränkten wir uns nicht wie häufig auf die Bearbeitung der Frage, wie viele Kalorien für die steigende Weltbevölkerung produziert werden müssen. Stattdessen wurden – vor allem, um aus den Erfahrungen der Vergangenheit zu lernen – die Weichenstellungen der Agrarforschungs- und Landwirtschaftspolitik der vergangenen 50 Jahre bewertet. Und zwar hinsichtlich ihrer Auswirkungen auf den fatalen Komplex aus Armut, Hunger und Krankheit. Was, so die Leitfrage, lässt sich dazu im Lichte des gegenwärtig verfügbaren Wissens bewertend sagen?

Das qualitativ Neue dieser Fragestellung wird deutlich, wenn man sich kurz vergegenwärtigt, dass Forschung und Politik in den vergangenen Jahrzehnten das Spektrum ihrer Möglichkeiten zunehmend auf technologieorientierte Projekte reduziert haben; so wurde und wird Fortschritt fast nur noch als solcher wahrgenommen und gewürdigt, wenn es sich um *technischen* Fortschritt handelt. Diese Verkürzung erlebt beim (forschungs-) politischen und medialen Umgang mit der Gentechnik einen Höhepunkt; denn deren ökologische und soziale Folgeprobleme werden weit geringer gewichtet als die vermeintlichen technischen Fortschritte. Darunter leidet seit Jahrzehnten die ökologische Landwirtschaft, da es leichter ist, Forschungsmillionen für einzelne energieaufwändige Hightech-Großprojekte zu bekommen, als für vielfältige ressourcensparende Projekte mit ökologisch und sozial angepasster Technik.

Die Erarbeitung des Weltagrarberichtes war hingegen auf eine *problem-* und *lösungs-* (statt auf eine *technologie-*)orientierte Herangehensweise ausgerichtet, um die entscheidenden

Kriterien und Erfordernisse für ein faires und friedliches Miteinander abzuleiten. Im Zentrum der Überlegungen standen:

- die Reduzierung von Hunger und Armut,
- die Verbesserung der Ernährungs- und Gesundheitssituation,
- die generelle Entwicklung der Lebens- und Erwerbsgrundlagen im ländlichen Raum, um die soziale Erosion – die Landflucht ebenso wie das Wachsen der städtischen Slums – zu bremsen.

Und noch etwas war neu bei der Erarbeitung des Weltagrarberichts. Wir nahmen Abstand von der üblichen Herangehensweise, auf *universelle* Lösungen zu setzen – Lösungen, die es immer nur scheinbar gibt. Damit wurde der Tatsache Rechnung getragen, dass Probleme in verschiedenen Regionen zwar ähnlich erscheinen können, aber *lokal* und *regional* sehr häufig spezifische Ansätze erfordern, um tatsächlich nachhaltig gelöst zu werden. Deshalb arbeiteten die rund 500 Experten und Expertinnen in sechs parallelen (einem globalen und fünf regionalen) Assessments, die die Welt nach Wirtschaftsräumen abdeckten: Beispielsweise spielten Probleme der Überernährung im North-America-Europe Assessment eine große Rolle, während im Subsaharan-Africa Assessment Mangelernährung und AIDS wichtige Themen waren. Das entscheidende Fazit dieses ersten Weltagrarberichtes lautet:

»Business as usual is no more an option!«

Klarer hätte kaum postuliert werden können, dass wir nicht so weitermachen dürfen wie bisher.

Seit Jahrzehnten lautet die stereotype Antwort der tonangebenden Agrarökonomen auf den Welthunger: Steigerung der Produktivität. Dennoch sind wir heute vom Millenniums-Entwicklungsziel Nummer eins, nämlich die Anzahl Hungernder bis 2015 zu halbieren, mit nunmehr über einer Milliarde hungerleidender Menschen weiter entfernt denn je. Zwar hat das alte Credo zu höheren Ernteerträgen (Output) geführt. Aber erstens ist der dazu notwendige Verbrauch von Dünger, Chemie und (Energie-)Ressourcen unverhältnismäßig gestiegen, und zweitens sind die ökologischen, sozialen und ökonomischen Folgen erschreckend: Wir – und das umfasst uns alle, sowohl in verantwortlicher als auch in abhängiger Position – sägen in jeder Hinsicht an dem Ast, auf dem wir sitzen. Aber die Folgen treffen die Ärmsten am stärksten.

Schon einmal hatte es eine enorme Anstrengung gegeben, um dem immer dramatischeren Verbrauch natürlicher Ressourcen politisch Einhalt zu bieten: 1992 wurde in Rio das *Übereinkommen zur Biologischen Vielfalt* (CBD) verabschiedet. Die CBD fußt auf drei Säulen:

- Bewahrung der biologischen Vielfalt (*conservation*),
- Nutzung der biologischen Vielfalt in ihren Lebensräumen (*use*),
- Zugang zu und Verfügbarkeit von genetischen Ressourcen (*access*) sowie faire und gleichberechtigte Beteiligung an kommerziellen Gewinnen aus der Nutzung genetischer Ressourcen (*benefit sharing*).

Die CBD ist ein Meilenstein in der Geschichte der Nachhaltigkeit; 192 Länder haben das Übereinkommen unterzeichnet, und die meisten haben es auch ratifiziert. Dennoch war 2002 auf dem Gipfel *Rio+10* in Johannisburg im Gegensatz zur Zielsetzung der CBD eine weiterhin beschleunigte Abnahme der biologischen Vielfalt zu konstatieren. Als wesentliche Ursache wurde die Industrialisierung der Landwirtschaft angesehen – verschärft durch ihre negativen Einflüsse auf das Klima.

Diese Erkenntnis war auch der Antrieb für Robert Watson. Der Klimaforscher und damalige Chef-Wissenschaftler der Weltbank hatte sich 2002 nach dem Weltgipfel *Rio+10* mit Vehemenz in die Vorbereitung für ein erstes weltweites UN-Agrar-Assessment gestürzt – eben das hier beschriebene *International Assessment of Agricultural Knowledge, Science and Technology for Development* (IAASTD). Watson war von 2005 bis 2008 dessen Direktor.

Sein fachlicher und nicht minder sein emotionaler Zugang zur Landwirtschaft als ehemaliger Präsident des Weltklimarates IPCC (1997 bis 2002) waren durch drei Erkenntnisse geprägt:

- Die industrialisierte Landwirtschaft ist für rund ein Drittel der freigesetzten Klimagase verantwortlich und trägt somit erheblich zum Klimawandel bei.
- Obwohl manche Regionen profitieren können, werden die landwirtschaftlichen Erträge in Folge des Klimawandels insgesamt dramatisch sinken und so Mangelernährung und Welthunger weiter zunehmen.
- Nachhaltige Landwirtschaft hat ein bisher noch kaum ausgeschöpftes Potenzial zur Begrenzung des Klimawandels.

Überzeugt und getrieben von der Notwendigkeit, dass sich etwas ändern *muss*, hatte Robert Watson bis Anfang 2005 die Zusicherung über circa 11 Millionen US-Dollar erreicht – insbesondere von den UN-Organisationen für Entwicklung (UNDP), Umwelt (UNEP), Ernährung (FAO), Bildung (UNESCO), Gesundheit (WHO), von der Weltbank, von zehn Regierungen der Organisation für wirtschaftliche Zusammenarbeit und Entwicklung (OECD) sowie von der Europäischen Union (EU). Das Geld sollte vorrangig der Finanzierung von Experten dienen, die nicht aus OECD-Ländern stammen und sich eine Teilnahme am Assessment sonst nicht hätten leisten können.

Dass dieser erste Weltagrarbericht nicht – wie viele vorangegangene Studien – von der »Ersten« über die »Dritte Welt« gestülpt wurde, offenbart schon ein kurzer Blick in seine Personal- und Organisationsstruktur, deren Festlegung einem 60-köpfigen Gremium oblag (je 30 Regierungen und 30 Nichtregierungsorganisationen waren vertreten). Der Terminus »Nichtregierungsorganisation« (NGO) ist dabei ganz wörtlich zu verstehen: Wer nicht Regierung ist, ist NGO; deshalb zählten nicht nur Greenpeace und die International Federation of Organic Agriculture Movements (IFOAM), sondern auch BASF, Unilever und Syngenta zur Gruppe der NGO. Dieses einzigartig zusammengesetzte Gremium bestimmte einvernehmlich die circa 500 Expertinnen und Experten der sechs Assessments des IAASTD. An die 20 000 Ergänzungen und Einwände, die im Rahmen zweier *öffentlicher* Begutachtungsrunden zum Weltagrarbericht eingegangen waren, wurden alle bearbeitet; sie wurden entweder übernommen oder es musste begründet werden, warum nicht.

Und noch etwas zeichnet die Arbeit am Weltagrarbericht aus: Wir beschränkten uns nicht auf akademische Quellen, sondern berücksichtigten auch sogenannte »graue« Literatur. Denn es ist Ausdruck eines bedenklichen Verständnisses von Wissenschaft, dass in hoch angesehenen Wissenschaftszeitschriften wie *Science* und *Nature* nur akademisches Wissen zählt und das – als »graue« Literatur geschmähte – lokale und traditionelle Erfahrungswissen generell ausgegrenzt wird.

Doch gerade die Auswertung dieses vorhandenen Wissens schaffte die Voraussetzung für eine veränderte Wahrnehmung. Und dieser erkenntniskritische Blick führte letztlich zu der für einen UN-Bericht völlig neuen und revolutionären Schlussfolgerung: »Business as usual is no more an option.«

Insgesamt ist der erste Weltagrarbericht ein vielstimmiger Ruf nach einer weltweiten radikalen Wende der Agrarpolitik, -forschung und -lehre. Denn nach seinem Resümee hat die Landwirtschaftspolitik der vergangenen 50 Jahre

- den Entwicklungsländern lebensnotwendige Ressourcen entzogen, um eine Überproduktion der Industrieländer zu ermöglichen;
- mit einem Teil dieser Überproduktion anschließend Märkte in Entwicklungsländern unter Druck gesetzt;
- zu immer höheren Risiken und zu einer zunehmenden Anfäl-

ligkeit für ökologische und soziale Katastrophen geführt, etwa
Überschwemmungen, Erdrutsche, gentechnische Kontami-
nierung, Gesundheitsschäden durch Agrarchemikalien, Seuchen durch Massentierhaltung, Verschuldung und Enteignung durch Dumping-Preiskonkurrenz;

- insbesondere die ärmsten Länder und die Ärmsten auf dem
Lande zu Verlierern der Globalisierung und der Liberalisie-
rung des Agrarhandels gemacht;
- letztlich keine Perspektive für die nachhaltige Bekämpfung
des Welthungers zu bieten.

Fazit: Negativer kann ein globaler Kassensturz kaum ausfallen
als der unserer Landwirtschaftspolitik der letzten fünf Jahrzehnte.

Orientiert an den Millenniums-Entwicklungszielen kommt auch
die Bewertung der Agro-Gentechnik mitnichten zu einem posi-
tiven Ergebnis. Sie verstärkt bisher die problematischen Ten-
denzen der industrialisierten Landwirtschaft – mit intensivem
Einsatz von Dünger und Pestiziden sowie Hochleistungs-Saat-
gut. Das bedeutet Monokulturen, hohen Energieaufwand, Was-
servergeudung und Verlust der biologischen Vielfalt. Hoch pro-
blematisch ist auch die damit verbundene Entwicklung der
Eigentumsrechte: Transgene, also gentechnisch manipulierte
Pflanzen (und Tiere) stehen grundsätzlich unter Patentschutz;
ein Nachbau – die Nutzung von Erntegut des Vorjahres als Saat –
ist verboten.

Vor dem Hintergrund dieser kritischen Bewertung der Agro-
Gentechnik zeitigte die letzte Arbeitsphase am IAASTD eine
sehr erhellende Pointe: Erst als nach drei Jahren bereits alle
sechs Assessments abgeschlossen waren, stiegen Firmen der
Agro-Chemie- und Gentechnik-Industrie aus – mit der Begründung, im IAASTD sei nicht wissenschaftlich gearbeitet worden.
Das heißt, die Industrie hatte die Ergebnisse der Assessments

jahrelang und bis zuletzt mitbestimmt. Der Ausstieg erfolgte erst, nachdem es nicht gelungen war, die kritische Bewertung der Ergebnisse zu verhindern.

Globalökologisch gesehen entspricht dem zerstörerischen Raubbau im Süden der zerstörerische Überfluss im Norden. Seit Jahrzehnten wird Regenwald vernichtet, um stattdessen – bei hohem Verbrauch von Energie, Wasser und Chemie – Soja für Tierfutter insbesondere in Europa anzubauen. Wiederum unter hohem Ressourcenverbrauch produzieren wir mit diesen Nährstoff- und Energieflüssen des Südens im Norden tierische Produkte, wobei hier ebenfalls dramatische ökologische Schäden entstehen. Denn Unmengen von Stickstoff (für die ergänzende Futterproduktion im Norden) und die durch das extrem proteinreiche Futter hochkonzentrierte Gülle ersticken die Gewässer, schädigen die Bodenfruchtbarkeit und sind für das Waldsterben mitverantwortlich.

Dessen ungeachtet wird die Industrialisierung weiter vorangetrieben. Investoren errichten gigantische Betonkomplexe für Unmengen armseliger Tiere – in Brasilien und China ebenso wie in Deutschland. Geplant sind zum Beispiel Ställe für je 10 000 Sauen, die pro Jahr über 200 000 Ferkel werfen sollen –, so etwa im Tollensetal in Mecklenburg-Vorpommern. Und in Niedersachsen sollen entlang der Autobahn A7 über hundert Betriebe entstehen, um einen geplanten Schlachthof mit jährlich vier Millionen Hühnern auszulasten – gemästet in weniger als fünf Wochen.

Globalsozial gesehen – auch wenn es bei uns Arme und im Süden Reiche gibt – entspricht dem Mangel im Süden der Überfluss im Norden: Über 70 Prozent der weltweit Hungernden leben auf dem Land, also dort, wo die Lebensmittel angebaut werden. Besonders dramatisch ist die Mangelernährung von Kindern – eine ihrer fatalen Folgen: künftiger Bildungsnotstand.

Die Industrialisierung der Landwirtschaft macht Millionen Menschen land- und letztlich arbeitslos – in Brasilien ebenso wie in Indien, Kenia oder auf den Philippinen. Denn für die in die Verschuldung getriebenen und enteigneten Kleinbäuerinnen und Kleinbauern gibt es keine Ersatzarbeit auf dem Lande. Die Folge ist Landflucht. Sie erhöht dann die Zahl der Tagelöhner in den Städten und trägt auch dort zur sozialen Erosion bei. Trotz der Vereinbarungen der Welthandelsorganisation (WTO) zum Abbau von Subventionen hat die EU seit 2008 neue Exportsubventionen für Milch und Fleisch beschlossen. Kamerun mit seiner nicht konkurrenzfähigen heimischen Geflügelzucht ist nur *ein* Beispiel. Milchprodukte aus der EU-Massenproduktion treiben seit Jahrzehnten lokale afrikanische Kleinbäuerinnen in den Ruin; ebenso Fleisch von Rindern, deren Leben nach tagelangem Transport auf afrikanischen Schlachthöfen endet.

Seit über 40 Jahren importieren wir Futter, produzieren daraus Überschüsse und setzen anschließend Kleinbauern im Süden mittels subventionierter Exporte unter Druck. »Unsere Nutztiere weiden am Rio de la Plata«: Dieses Bonmot, das eigentlich ein Schlechtwort ist, stammt schon aus den siebziger Jahren, und inzwischen dient weltweit mehr als ein Drittel der pflanzlichen Ernte als Viehfutter. Über die Hälfte der Futtermittelimporte stammt aus Entwicklungsländern – produziert unter hohem Einsatz von Energie, Wasser und Chemie.

Noch krasser lauten die Zahlen, wenn wir die Proteine bilanzieren: Circa 70 Prozent der in der EU verfütterten Proteine werden importiert. Zum kranken System gehört, dass auch viele Regierungen von Entwicklungs- und Schwellenländern auf die Produktion von Pflanzen »für die schnelle Mark« setzen – sogenannte »Cash-Crops« wie Ananas, Futtermittel und inzwischen auch Pflanzen für die Treibstoffproduktion. Der Weltagrarbericht der Vereinten Nationen enthält kein generelles Statement gegen Subventionen in der Landwirtschaft; er moniert aber, dass den Hilfen keine ökologischen und sozialen Kriterien und Ziele zugrunde liegen. Das führt zu Wettbewerbsverzerrungen, indem jene bevorzugt werden, die immer mehr immer billiger produzieren. Wobei für Produzenten solcher Billigmassenware das Verursacherprinzip (ökologische und soziale Folgekosten begleicht der Verursacher) nicht gilt. So wird der Strukturwandel auf Kosten der Menschen mit den kleinen Betrieben vorangetrieben: Sie müssen weichen, während die Großen weiter wachsen.

Dabei kann die Bedeutung von Kleinbäuerinnen und Kleinbauern gar nicht hoch genug eingeschätzt werden. Und das, obwohl sie seit Jahrzehnten nicht nur vernachlässigt, sondern millionenfach durch landwirtschaftliche Industrialisierung von ihren Flächen vertrieben wurden. Unter nicht wenigen Experten dominierte bislang die Vorstellung, dass Kleinbauern eine im Verschwinden begriffene und zu vernachlässigende Größe seien, die nur unwesentlich zur Welternährung beiträgt. Welch ein Irrtum, wie das IAASTD belegt: Bis heute sorgen Betriebe, die kleiner sind als zwei Hektar, immer noch für weit mehr als die Hälfte der weltweit produzierten Lebensmittel. Das lässt die Potenziale erkennen, die kleinbäuerliche Strukturen für die Ernährungssicherung bergen, nicht zuletzt auch wegen des lokalen und traditionellen Wissens.

Die zentrale ökologische Aussage des IAASTD gilt dem Boden. Seine Fläche und seine Fruchtbarkeit werden als Basisressourcen für die Zukunft identifiziert. Zahlreiche Studien belegen, dass sie am besten durch nachhaltige ökologische Landwirtschaft gefördert würden. Aber es gibt bis heute keine Gesetze, die verbieten, dass besonders fruchtbarer Boden versiegelt wird, wie zum Beispiel durch den verbreiteten Bau von Einkaufszentren auf der »grünen Wiese« oder durch Städte, die wie in China komplett am Reißbrett entworfen werden.

Und auch die Landwirtschaft selbst trägt erheblich zum Bodenverlust bei – durch Erosion in Folge nicht angepasster Bodenbearbeitung, allein in Deutschland sind es durchschnittlich zehn Tonnen pro Hektar landwirtschaftlich genutzter Fläche und

Jahr. Ein gutes schlechtes Beispiel ist der Mais: Wenn der Boden nach der Maisernte über die Wintermonate nackt bleibt, ist er Wind und Regengüssen schutzlos ausliefert. Je dünner die fruchtbare Humusschicht ist, desto größer ist die Gefahr von Totalverlusten. Tatsächlich führt die industrialisierte Landwirtschaft mit Monokulturen und immer weniger schützenden Hecken und Bäumen jedes Jahr weltweit zum Verlust Tausender Quadratkilometer landwirtschaftlicher Fläche durch Erosion: 20- bis 40-mal mehr Boden wird davongeschwemmt oder vom Winde verweht als neu gebildet. So ist in den letzten dreißig Jahren rund ein Viertel der Weltagrarflächen unbrauchbar geworden. Dieser dramatische Verlust wird aber in der Bilanz nicht sichtbar, da er zu einem großen Teil durch Böden »ersetzt« wird, die durch die Rodung von Regenwald »neu entstanden« sind.

Neben diesem *quantitativen* Verlust spielt auch der Schwund der Boden*qualität* eine wesentliche Rolle. Zwar lassen sich nach der Rodung von Regenwald oder dem Umbruch fruchtbarer Weiden auf diesen Flächen einige Jahre lang hohe Erträge ernten. Aber diese Böden sind schnell ausgezehrt, sie werden so kurzfristig verheizt und langfristig entwertet.

In unseren Breiten ist es wiederum der hoch subventionierte Maisanbau, der entscheidend zur Bodenverschlechterung beiträgt. Schwere Landmaschinen schädigen dauerhaft das Bodenleben, nämlich durch Bodenverdichtung bis in über einen Meter Tiefe. Grundsätzlich gilt: Je fragiler die Böden, desto größer sind die Schäden, die durch ihre einseitige Ausbeutung entstehen. (Dabei ist es unerheblich, ob Lebensmittel, Tierfutter oder Agrarenergie – also Pflanzen zur Energieerzeugung – produziert werden.) Gerade weil wir immer noch so wenig über den Boden wissen – nur fünf Prozent seiner Mikroorganismen sind bekannt –, ist es besonders wichtig, nachhaltig mit ihm umzugehen. »Biodiversität statt Monokulturen« muss die Maxime lauten, sogenannte Agroforstsysteme machen es vor: Der Anbau von Pflanzen in Mischkulturen mit Büschen und Bäumen bietet neben Weideland weltweit die größte Ertragssicherheit, denn so wird die Bodenfruchtbarkeit erhalten.

Inzwischen widersprechen nur noch wenige Wissenschaftlerinnen und Wissenschaftler einer Erkenntnis, die Laien erst einmal verblüfft: Auch heute werden noch genügend Lebensmittel für alle produziert. Das Problem ist die Verteilung. Das lässt auf sozioökonomische und politische Hürden schließen, die gerade *nicht* durch ein Mehr an Produktion zu lösen sind. Für die Zukunft hält zwar auch das IAASTD angesichts der wachsenden Weltbevölkerung und schrumpfenden Ernten (unausweichlich fälliger Tribut des Klimawandels) eine Steigerung der Produktivität für notwendig. Entscheidend aber ist das *Wie*: Laut Weltagrarbericht sind kleinbäuerliche Betriebe das Potenzial für einen umweltverträglichen Produktivitätsanstieg durch nachhaltigen Anbau! Das bedeutet Ressourcenschutz für Böden, Wasser und Energie. Zudem fördert eine kleinbäuerliche Produktionsweise die Biodiversität der wilden und gezüchteten Tiere und Pflanzen.

Wir dagegen – die Zahl derer, die noch eine kleinräumige Landwirtschaft vor dem inneren Auge haben, nimmt ab – sind immer mehr an Monokulturen gewöhnt: Mais, Kartoffeln, Zuckerrüben, Weizen so weit das Auge reicht. Monokulturen ohne Baum und Strauch – das gilt auch immer mehr für Wiesen. Das Gras wird nicht mehr von Tieren beweidet, sondern nur noch gemäht; statt einer Vielfalt aus Wiesenkräutern und -blumen nur noch mit viel Stickstoff erzeugtes Monogras. Mono auch bei (Himbeer-)Sträuchern oder (Apfel-)Baumspalier. Und wie bald sich schnell wachsender (Fichten-)Wald rächt, wissen wir nicht zuletzt, seit wir die Folgen sehen können: Der Borkenkäfer bringt es an den Tag. Dabei ist das zugrundeliegende »Wenn-dann« der Biologie schon seit langem bekannt: Je einheitlicher die Pflanzen und je großflächiger und länger ihr Anbau an einem

Ort, desto besser können sich Fressfeinde darauf spezialisieren. Die kahl gefressenen Fichten weisen den Weg, den falschen.

Das Problem der Monokulturen liegt mithin nicht nur, wie beschrieben, beim hohen Energie- und Wasserbrauch sowie Pestizid- und Düngereinsatz, sondern auch im zunehmenden Risiko der Resistenz: Denn einige Schädlinge überleben jeweils den chemischen Dauerregen und bringen die nächste Schädlingsgeneration hervor – dann nahezu resistent gegenüber jedem oder fast jedem Pestizid.

Hinzu kommt der Klimawandel. Die Anfälligkeit gegenüber Stürmen und Starkregen – beides wird in Zukunft wohl zunehmen – ist umso größer, je weniger abwechslungsreich auf den Flächen angebaut wird. Und wieder ist es der Wald, der uns als erster die Konsequenzen falscher Politik offenbart hat. Kyrill – um nur einen der *Jahrhundert*stürme des vergangenen *Jahrzehnts* zu nennen – hat für uns alle sichtbare Schneisen der Verwüstung hinterlassen. Die Strafe für die forstliche Dutzendsünde namens Monokultur.

Wer zur weltweiten Ernährungssicherheit beitragen will, muss diese Risiken verkleinern, statt sie immer weiter auf die Spitze zu treiben und allein auf die Erntemenge zu schauen. So sind zum Beispiel Streuobstwiesen kein Luxus für sentimentale Vielverdiener, sondern – obwohl Tradition und nicht neu – im Sinne der Nachhaltigkeit hypermodern. Multifunktional nennt der Weltagrarbericht solche Agroforstsysteme und meint damit gerade nicht langweiligen Monoforst, sondern die kleinräumige Integration von schattenspendenden, wasserhaltenden Bäumen und Büschen mit Gemüse- und Getreideanbau sowie Grasland. Solche Landschaften gibt es zum Glück noch – und sogar wieder: Die symbiotische Landwirtschaft zum Beispiel, wie sie Karl Ludwig Schweisfurth betreibt und in diesem Buch beschreibt, gibt davon ein hoffnungsvolles Bild.

Der von unseren Bauernvertretern gern gebrauchte Slogan »Landwirtschaft ist angewandter Naturschutz« stimmt somit nur, wenn man den Blick auf Nischen und die Situation in den (noch) nicht industrialisierten Zonen der Erde richtet. Dort ist Landwirtschaft im Wortsinne *multifunktional*, weil sie sich die natürlichen Wechselwirkungen zunutze macht und dabei auch soziale Aspekte integriert. Es ist die Kunst, Ressourcen nachhaltig zusammenwirken zu lassen, so dass sich etwas ergibt, für das es eine treffende (allerdings recht sperrig klingende) Fachvokabel gibt: Ökosystemdienstleistung. Und in diesem Sinne stellen Kleinbäuerinnen und Kleinbauern weltweit die größte Anzahl von Dienstleistern für die Umwelt und die Agrarkultur.

Laut Weltagrarbericht ist die Förderung kleiner Strukturen und die Hinwendung zur Multifunktionalität ein soziales und ökologisches *Muss*: Denn Landwirtschaft habe »das Potenzial zu einer Multi-Output-Aktivität, bei der nicht nur Waren produziert werden (Nahrungs- und Futtermittel, Fasern, Biokraftstoffe, Arzneimittel und Zierpflanzen), sondern auch nicht warenbezogene Leistungen (*non-commodity outputs*) wie etwa Umweltleistungen, Erholungsmöglichkeiten und Kulturgüter«. Und das – so könnte man hinzufügen – alles gleichzeitig.

Aber es ist ja kein Zufall, dass kleinbäuerliche Betriebe in der »schönen neuen Welt-Agrarpolitik« (Karl Ludwig Schweisfurth) schlichtweg nicht vorkommen, ebenso wenig wie kleinräumige biologische Vielfalt und Multifunktionalität. Der simple Grund dafür: An nachhaltiger Landwirtschaft lässt sich für die Chemie- und Gentechnikindustrie nicht viel verdienen.

Was heißt das nun für »uns« in den Industrieländern, die wir seit Kolonialzeiten vom globalen Handel profitieren und schon alleine deshalb einen Großteil der Verantwortung für die Welt tragen? Eine Welt, in der unsere Politikerinnen und Politiker heute in ihrer übergroßen Mehrheit das Agro-Big-Business fördern. Die Antwort liegt nach dem Weltagrarbericht in einem völligen Paradigmenwechsel – hin zur Anpassung der landwirtschaftlichen Ausbildung und Forschung an die genannten Chancen und Erfordernisse: Nachhaltige ökologische Landwirtschaft und traditionelles Wissen müssen integriert werden. Ferner müssen Eignung und Effizienz laufender und geplanter Forschungsaktivitäten den jeweiligen regionalen Erfordernissen angepasst werden, um die entscheidenden Ressourcen auch für künftige Generationen zu sichern.

Besondere Bedeutung für eine ökologisch und sozial nachhaltige Entwicklung des ländlichen Raumes misst der Weltagrarbericht den Frauen bei, da sie den überwiegenden Teil der landwirtschaftlichen Arbeit leisten, während ihre Männer teilweise als Migranten zum Familieneinkommen beitragen. Seit einem Vierteljahrhundert erweisen sich Frauen, deren Projekte mit Mikrokrediten gefördert worden sind, als besonders zuverlässige und erfolgreiche Kreditnehmerinnen. Im Jahre 2006 wurde dem Wirtschaftswissenschaftler Muhammad Yunus – Initiator der auf Mikrokredite spezialisierten Grameen Bank – der Friedensnobelpreis verliehen. Ganz in diesem Sinne betont der Weltagrarbericht die enormen Chancen für die Lösung gesellschaftlicher Probleme durch Förderung sozial und ökologisch nachhaltiger Frauenprojekte. Bisher ist allerdings die Ausbildung von Frauen weitgehend vernachlässigt worden, so dass sie nicht nur unter den Auszubildenden, sondern zwangsläufig auch unter den Ausbildenden die Ausnahme sind.

Investitionen in Wissenschaft und Technik können ihren Nutzen in der Sahelzone oder in Feuerland, im Kongobecken oder am Fuße des Altai nur entfalten, wenn sie gezielt und bedarfsgerecht erfolgen. Statt in Paris, Berlin, Beijing, Moskau, Kapstadt oder Boston die vorhandenen Maschinenparks zu inventarisieren, muss stets vor Ort gefragt werden: Welches Wissen und welche Technik sind vorhanden? Und was kann darüber hinaus verfügbar gemacht werden durch die Integration von lokalem und traditionellem Wissen auf der einen Seite mit den (für uns) klassischen Formen des Wissens und der Wissensvermittlung auf der anderen? Ökologische, soziale und ökonomische Nachhaltigkeit ist dabei die zentrale Herausforderung; denn langfristig erfordert ein friedliches soziales Gefüge auf dem Lande nicht nur gesunde Ernährung, sondern eine Existenzsicherung durch ein dauerhaftes Einkommen.

Das IAASTD mahnt darüber hinaus ein grundsätzliches Umdenken in den Industrieländern an:

- Reduzierung des Konsums tierischer Produkte;
- Minimierung des Energieeinsatzes;
- Überprüfung von Export- und Importprodukten auf die Nachhaltigkeit ihrer Erzeugung, einschließlich der Agrarenergie;
- keine Produktion und kein Export von Lebensmittelüberschüssen;
- radikale und systematische Ausrichtung der Lehre und Forschung auf sozioökonomische und ökologische Erfordernisse.

Das muss in den Ohren unserer Politikerinnen und Politiker wie Revolution klingen, und das ist es auch. Denn das Umdenken betrifft unsere landwirtschaftliche Produktion und unseren Lebensstil ebenso wie unsere Rolle in der Entwicklungspolitik: Wir, die Geberländer, haben das finanzielle Engagement für die landwirtschaftliche Entwicklung der »Dritten Welt« in den letzten Jahrzehnten um 75 Prozent reduziert. Und wir kurbeln die Exportbeihilfen wieder richtig an – zugeschnitten auf die Interessen jener Länder, die der Organisation für wirtschaftliche Zusammenarbeit und Entwicklung (OECD) angehören. Das gilt auch im privaten Bereich, wo insbesondere diejenige Förderung zunimmt, die kurzfristig Geld verspricht, sich aber dauerhaft sozial und ökologisch zum Nachteil der Empfängerländer auswirkt.

Auch die im Juli 2009 von den G8-Ländern beschlossenen 20 Milliarden US-Dollar halten Investitionskriterien nicht stand, die auf nachhaltige Antworten auf die Ernährungs-, Finanz- und Klimakrise ausgerichtet sind. Zwar ist die Verunsicherung angesichts der Furcht vor instabilen Märkten immens. Aber es dominieren weiterhin die alten Glaubenssätze und Beschwörungsformeln: Die Erzeugerpreise müssen immer weiter fallen (auf das sogenannte Weltmarktniveau) und die einzelnen Betriebe immer mehr Masse produzieren.

Dieses »Think Big« ist schuld daran, dass mittlerweile auch im industrialisierten Teil der Welt Not die einschlägigen Debatten bestimmt; angesichts der offiziellen Politik des Wachsens und Weichens erkennen immer mehr Landwirte mit Entsetzen, dass die Gewinner von gestern schon morgen zu den Verlierern zählen können. Die Entwicklung auf dem Milchmarkt ist ein Lehrstück dafür – ob nun in Deutschland, Indien oder Australien.

Gigantismus ist die Routineantwort auf Krisen und Katastrophen. Und das bedeutet immer noch mehr Milliarden Dollar und Barrel verschlingende High-Tech-Projekte. Ganz anders hingegen der Weltagrarbericht: Von Anfang an bestimmte das Motto »Think global but act local« unsere Arbeit. Während sich gängige Problemlösungsstrategien auf Schadensbegrenzung beschränken, fokussierten wir uns auf die Ursachenvermeidung. Das allerdings setzt voraus, dass man Ursachen erst einmal als solche identifiziert, um dann die Suche nach angepassten Lösungsalternativen zu beginnen.

Inzwischen kennen sich zwar viele Experten mit den negativen Umweltauswirkungen – insbesondere mit den externalisierten, also ausgelagerten und verschleierten Kosten der industriellen Tierhaltung – gut aus, aber mögliche Alternativen bleiben meist unerkannt. Das trifft fatalerweise auch besonders auf den Tier-Pflanze-Boden-Komplex (die vernachlässigten Wechselwirkungen und symbiotischen Potenziale zwischen den Lebewesen auf und im Boden) zu, da Forschung und Lehre ihn kaum im Blick haben.

Dieser blinde Fleck ist systembedingt, denn seit Jahrzehnten trennt die agrarwissenschaftliche Ausbildung Tiere und Pflanzen als quasi strukturell unabhängige Bereiche im Sinne der Industrie – es wird entkoppelt, was zusammengehört.

Während der Weltagrarbericht bezüglich des Ackerbaus nicht nur den zerstörerischen Raubbau, sondern auch nachhaltige Alternativen nennt, beschränkt er sich im Tierbericht weitgehend auf die Kritik – beispielsweise den globalen Futtermitteltransfer von Süd nach Nord, von Arm nach Reich und die Überweidung. Ausgeblendet bleiben Alternativen in Bezug auf Umwelt- und Klimaschutz oder den sozialen Frieden. Dass circa 70 Prozent des globalen Festlandes Grünland sind, weist auf das weltweite Potenzial eines nachhaltigen Weidemanagements für die Wiesen, Almen, Prärien, Pampas, Steppen und Savannen hin.

Stattdessen wird durch die Trennung von Tieren und Pflanzen in der Forschung und in der Lehre die Spezialisierung in den Betrieben immer weiter vorangetrieben. Die nur gedachte, aber wirksame Mauer zwischen Ackerbaubetrieben einerseits und Hühnern in Käfigen sowie Schweinen und Rindern auf Beton andererseits, verstellt den Blick auf Alternativen. Man sieht nicht mehr die (über-)lebenswichtigen Potenziale, wie sie Symbiosen und Synergien bieten.

Schon lange gerät deshalb mit den umweltschädlichen Produktionssystemen auch deren – um im industriellen Jargon zu bleiben –»Rohstoff« ins Kreuzfeuer: die Tiere selbst. So werden Wiederkäuer heute wegen ihrer Methanemissionen zunehmend als Klimakiller wahrgenommen. Gezählt werden dabei nur die »Methanrülpser«; eine Kuh bringt es immerhin auf 250 Liter Methan pro Tag, eine Menge, die man mit 1,4 Milliarden – so viel Rinder gibt es derzeit weltweit – multiplizieren muss. Und in der Tat, Methan hat es in sich. Es gilt als 23-mal klimaschädigender als CO_2. Insgesamt werden Rinder für cirka fünf Prozent der gesamten Treibhausgase verantwortlich gemacht. Auch der World Wide Fund for Nature (WWF) stellt die Kuh an den Klimapranger, wenn er eine Art Abgassteuer auf Rinder fordert, da die jährliche Abgasmenge einer Milchkuh so klimaschädigend sei wie

18 000 gefahrene Autokilometer. »Klimaschweine« titelte daraufhin *Die Welt.*

Richtig ist, dass – als Folge des abnormen Fleischverzehrs im Norden – bereits unmäßig viele Rinder gehalten werden und der Fleischverzehr nun auch in den Schwellenländern zunimmt. Dabei wird aber all das (und es ist wirklich nicht wenig!), was die Umweltbilanz der Rinder verbessert, unterschlagen, und gleichzeitig all das, was die Umweltbilanz verschlechtert, quasi hinzuaddiert, obwohl die Rinder dafür nicht ursächlich verantwortlich sind.

Unterschlagen wird, was Wiederkäuer für Menschen seit Jahrtausenden so wertvoll macht: Sie machen uns keine Konkurrenz, wenn es um die Ernährung geht – jedenfalls nicht, solange wir sie tatsächlich Gras und Heu fressen lassen, das sie mit ihrer Pansen-Mikroflora in hochwertige Milch und Fleisch umsetzen. Wenn wir sie auf der nächsten grünen Wiese weiden lassen, verbessert sich ihre Umweltbilanz entscheidend. Falsch ist vor allem der akademische Glaube, zur Steigerung von Effizienz und Produktivität müsse man Rinder möglichst intensiv mit Lebensmitteln füttern – mit Soja, Mais und Getreide (die zudem in Massen für Wiederkäuer mitnichten geeignet sind).

Der Wahrnehmung von Rindern als Klimakiller liegt somit ein gigantischer gedanklicher Trugschluss zugrunde: Denn es ist die umweltschädliche Produktion von Kraftfutter (insbesondere Soja für die Eiweißfütterung), wodurch Unmengen von Treibhausgasen freigesetzt werden: Lachgas (N_2O) aus künstlichem Dünger hat ein 296-mal höheres Erderwärmungspotenzial als CO_2. Eine redliche Buchführung müsste zudem am Anfang beginnen – mit dem Energieverbrauch, der zur Produktion der Traktoren für den Transport von Saat- und Erntegut benötigt wird. Hinzu käme die Energie für Herstellung und Einsatz von Dünger und Pestiziden. Dann der Transport nach und innerhalb von Europa. Und nicht zu vergessen: Rund die Hälfte des Sojas wächst auf Feldern, für die Regenwald gerodet worden ist.

Womöglich noch gravierender ist eine andere Unterschlagung zulasten der Rinder. Um sie zu verstehen, muss man erahnen, was Grasland ist beziehungsweise sein kann. Steppenlandschaften – Prärien, Tundren, Pampas – sind in Co-Evolution mit großen Wiederkäuern entstanden. Dieses Grasland bietet mit der Masse der meterlangen Wurzeln seiner mehrjährigen Gräser die weltweit größte CO_2-Speicherkapazität auf dem Festland. Damit die grünen Weiten diese positive Klimafunktion ausüben und aufrechterhalten können, ist nachhaltige Beweidung ein Muss. Nur so erhalten Gräser entscheidende Wachstumsimpulse und bilden nicht nur sichtbares Grün aus, sondern auch ein tiefes und verzweigtes Wurzelsystem – unverzichtbar für Humusbildung, Wasserbindung und Erosionsschutz. Wer nun meint, diese Effekte (einschließlich positiver Klimafunktion) durch Düngung maximieren zu können, irrt und erreicht genau das Gegenteil: Intensive Düngung mit bis zu 300 Kilogramm Stickstoff pro Jahr und Hektar bevorzugt einjährige Gräser und verdrängt mehrjährige – auf Kosten der Bildung von Wurzelmasse und somit der CO_2-Einspeicherung und Humusbildung. Nur nachhaltiges Weidemanagement fördert das Wachstum der mehrjährigen Gräser und erhöht durch die Speicherung von CO_2 auch die Bodenfruchtbarkeit.

Die Leistungen von Wiederkäuern für den Klimaschutz werden bis heute noch nicht einmal in den Berechnungen des Weltklimarates honoriert. Denn akademische Daten zur Rinderhaltung gibt es bisher überwiegend aus industrialisierten Systemen. Sie basieren auf Untersuchungen von Hochleistungsrassen, die täglich hohe Kraftfutterrationen aufnehmen müssen. Da ein Großteil des hier genutzten Kraftfutters außerhalb Europas angebaut wird, müssen der Energieverbrauch und die Emissionen, die mit der Produktion und dem Transport von importiertem Futter verbunden sind, einschließlich Dünger-, Pestizid- und Wasserverbrauch, in den Kalkulationen mit berücksichtigt werden. Im Fachjargon heißt es »Veredelung«, wenn in industriellen

Systemen mit circa sieben bis zwölf Getreidekalorien *eine* Fleisch- oder Milchkalorie hergestellt wird. In der Folge wird für Wiederkäuer Nahrungskonkurrenz zum Menschen postuliert, statt das für Menschen unverdauliche Gras zur Grundlage der Kalkulationen zu machen.

Weidehaltung bedeutet auch Tierschutz, denn diese Art der Fütterung entspricht am ehesten den artgemäßen Erfordernissen von Wiederkäuern. Aber damit die Potenziale des Rindes als Klimaschützer wirken können, ist eine (Wieder-)Ausrichtung der Züchtung auf Weidetauglichkeit nötig, auf Genügsamkeit, Raufutterverwertung (Gras, Heu, Klee, Silage) und Langlebigkeit. Aber übl(ich)er Weise gilt stattdessen – bezogen auf die Jahresmilchleistung – eine mit Getreide und Soja gefütterte Zehntausend-Liter-Kuh im Stall als klima- und umweltfreundlicher als zwei Fünftausend-Liter-Kühe auf der Weide.

Salopp zusammengefasst gilt: Je höher die Produktionsleistung eines Tieres ist – das heißt, je mehr ein Tier in kurzer Zeit produziert –, desto intensiver muss es gefüttert werden und desto höher ist seine Anfälligkeit für Krankheiten und Burn out. Die durchschnittliche Lebensdauer einer Kuh beträgt heute noch fünf Jahre, ehe sie wegen Burn out, Unfruchtbarkeit oder Euterentzündung – den üblichen »Berufskrankheiten« der Milchkühe – vorzeitig zum Schlachthof muss. Deshalb werden während eines Kuhlebens durchschnittlich nur noch weniger als 2,3 Kälber geboren.

Nicht jede, aber fast alle Zehntausend-Liter-Kühe leben kürzer als Fünftausend-Liter-Kühe. Eine Kuh, die eine ausscheidende Kuh ersetzen soll, muss circa 24 Monate alt sein – und soeben gekalbt haben, damit sie Milch geben kann. Für eine Kuh mit einer Lebensdauer von unter fünf Jahren muss deshalb während der Hälfte ihrer Lebenszeit ein weiteres Tier für ihren Ersatz aufgezogen werden. Je früher eine Milchkuh geschlachtet werden muss, desto länger ist die relative Zeitdauer, während der sie und ihre Ersatzkuh parallel fressen und Emissionen verursachen. Diese einfache – man sollte meinen unübersehbare – Tatsache findet in den Bilanzen der Turbo-Kuh-Apologeten nicht statt. Und noch ein weiterer Aspekt ist für die umfassende Kalkulation einer *wahren* Bilanz wesentlich: Je höher der Output (in Liter Milch) der Kühe einer Milchrasse ist, desto geringer ist der Output (in Kilogramm Fleisch pro Tier) der Söhne und Brüder dieser Rassen – da die Rasse durch Zucht so stark auf Milchproduktion getrimmt ist, dass sie für die Mast nur noch bedingt tauglich ist. Deshalb wird in Großbritannien aus ökonomischen Gründen ein großer Teil der männlichen Kälber von Milchviehrassen routinemäßig nach der Geburt getötet. Diese Tiere lohnen sich ökonomisch einfach nicht.

Wie schon gesagt: Nachhaltige Produktionssysteme für Milch *und* Fleisch basieren auf Gras- und Heufütterung. Rinder lokaler Rassen sind darauf gezüchtet, Raufutter gut zu verdauen. Das gilt auch für die in Deutschland früher sehr verbreiteten Zweinutzungsrassen (Milch- *und* Fleischertrag), deren ursprüngliche Typen heute vom Aussterben bedroht sind. Diese brauchen kein Importfutter, dessen Produktion und Transport beim Hochleistungs-Milchvieh den größten Anteil an Energieverbrauch und Klimaschädigung ausmacht. Die meisten Fünftausend-Liter-Kühe in der nachhaltigen Milchproduktion leben – auf Grund von Fitness und Vitalität – länger als Kühe in industrialisierten Systemen. Die relative Zeitdauer, die eine Ersatzkuh parallel mit einer solchen Kuh verbringt, die erst mit sechs Jahren geschlachtet werden muss, würde dann nur ein Drittel der Lebenszeit dieser Kuh betragen (statt der oben genannten Hälfte).

Gänzlich verkannt wird auch die Bedeutung von Arbeitstieren. 70 Prozent der Armen und Hungernden leben auf dem Land, der Großteil davon in China, Indien und Bangladesch. Ein erheblicher Teil dieser Menschen ist auf landwirtschaftliche Arbeitstiere angewiesen und lebt seit Jahrzehnten unter existenziellem Druck – schutzlos der Politik des Wachsens oder Weichens ausgesetzt. Derweil leiden auch Tausende von Arbeitstieren unter Hunger und Mangelernährung. Ihre Effizienz und Produktivität würde mit einer angepassten Fütterung und Technik (zum Beispiel durch solidere Räder) steigen. Eine Neubewertung beziehungsweise Inwertsetzung der arbeitenden Tiere und ihrer Besitzer ist im Kontext der Ernährungssicherung dringend geboten.

Aber statt das Potenzial von Wiederkäuern im Rahmen der Multifunktionalität zu beforschen, werden zur Förderung der Industrialisierung seit 30 Jahren Millionenbeträge für die Forschung mit Gen- und Klontechniken bei Tieren ausgegeben, getrieben vom Systemzwang zur Steigerung der Produktivität des Einzeltieres. Die Tierverluste sind immens, die sogenannten Erfolgsquoten extrem niedrig; so gibt es bis heute aufgrund technisch-biologischer Probleme keine transgenen, das heißt gentechnisch manipulierten Tiere in der kommerziellen Landwirtschaft. Der aktuelle Höhepunkt dieser krankhaften Entwicklung liegt darin, Produkte geklonter Tiere auf den Markt bringen zu wollen. Auch wenn man es kaum glauben kann: Nach einer Übersichtsstudie der zuständigen EU-Zulassungsbehörde von 2008 überleben 95 Prozent der Tiere das Klonen nicht oder kommen geschädigt zur Welt. Über die verbleibenden fünf Prozent gibt es bisher keine Langzeitstudien. Der Erfolgsdruck ist nach drei Jahrzehnten extrem hoch. Künftig sollen durch das Klonen die hohen Investitionen in die erfolglose gentechnische Manipulation kompensiert werden – ein schon aus Gründen des Tierschutzes unverantwortliches Ansinnen: In den wenigen Fällen, in denen transgene Tiere überleben und nicht unter auffälligen Problemen leiden, sollen sie vervielfältigt und zum Beispiel als Besamungsbulle oder Besamungseber eingesetzt werden.

Da gibt es wahrlich viel zu tun. Und zu den vorrangigen Aufgaben gehört es auch, begrifflichen Etikettenschwindel zu entlarven. So verbirgt sich heute hinter dem eigentlich wohlklingenden Begriff »Bio-Sicherheit« das pure Gegenteil: lebensfeindliche, sterile Haltungssysteme. Die Tiere werden ohne Kontakt zu ihrem natürlichen Lebensraum, dem Erdboden, lebenslang auf Beton gehalten; ihre Sozialkontakte sind auf Gleichaltrige beschränkt. Dieses (der Monokultur bei Pflanzen ähnelnde) System produziert auch die gleichen Probleme: Die durch züchterische Normierung immer »gleicheren« Tiere »mästen« ihre Krankheitserreger und Parasiten quasi selbst. Diese spezialisieren sich auf ihren Wirt, denn der Einsatz von immer mehr Pestiziden und Antibiotika lässt ja nur die Härtesten von ihnen überleben. Und auch Impfstoffe verlieren immer schneller ihre Wirksamkeit, wenn Viren durch die Intensivhaltung von Tausenden Tieren auf engem Raum immer schneller mutieren können.

Da sich an dieser lebensfeindlichen und letztlich tödlichen Spirale gut verdienen lässt, drehen die Protagonisten immer schneller daran. Industrielobbyisten beraten Politiker, die einäugig auf vermeintliche Schadensbegrenzung setzen. Für wirkliche Alternativen fehlt Erfahrungswissen und Mut. Es ist kaum zu glauben, aber in Deutschland besteht seit 2007 eine generelle Stallpflicht für die Geflügelhaltung, so dass jegliche Freilandhaltung einem sogenannten »Erlaubnisvorbehalt« unterliegt. Legal sind hingegen Emissionen aus der industriellen Tierhaltung, auch wenn mit Krankheitserregern und Antibiotika belastete Fäkalien in die Umwelt gelangen und Wildtiere gefährden. Letztere werden zunehmend dämonisiert, wenn zum Beispiel Wildschweine mit der Schweinepest, Wasservögel mit der Vogelgrippe oder der Dachs in England mit der Tuberkulose gleichgesetzt werden.

Seit Jahrzehnten werden die Bedürfnisse landwirtschaftlich genutzter Tiere wissenschaftlich in sogenannten »Wahlversuchen« untersucht, in denen sie sich zwischen kleinem oder großem Käfig, flüssigem oder mehligem Futter, Plastik- oder Betonboden – also letztlich immer zwischen Teufel und Beelzebub – *entscheiden* sollen. Es ist absurd, doch das Credo, wonach diejenigen, die mit den Tieren umgehen, doch am besten wissen müssten, welche Bedürfnisse diese haben, wird auch auf die industrialisierte Tierhaltung angewendet. Nur verkehrt es sich dort in sein Gegenteil: Wer noch nie ein sonnenbadendes Huhn oder einen Schweinsgalopp gesehen hat, weiß nicht, was ein Huhn oder ein Schwein ist; und ein Schwein, das noch nie wie ein Schwein galoppieren konnte, ahnt nicht, was ein Schweineleben zu bieten hat. Für eine Neubewertung, für einen empathischen Umgang auch und gerade mit den landwirtschaftlich genutzten Tieren ist es höchste Zeit.

Was bleibt also zu hoffen, zu wünschen, zu fordern? Die mit der Erarbeitung des Weltagrarberichtes begonnene Bewertung der Produktionssysteme nach ökologischen und sozialen Nachhaltigkeitskriterien muss weitergeführt werden. Die Ergebnisse sollten zur Grundlage agrarischer Zielsetzungen werden. Schäden müssen verhindert werden; da, wo sie unvermeidbar sind, müssen die Verursacher für die Kosten aufkommen (Verursacherprinzip). Gleichzeitig muss Multifunktionalität, müssen Leistungen, die über die Ernährungssicherung hinaus auch der Gesellschaft, der Umwelt und dem Klima zugutekommen, honoriert werden.

Dabei gilt es auch, eine Hürde abzubauen, die wie eine psychologische Bremse wirkt: Der umfassende Ansatz des Weltagrarberichtes hat erst einmal zur Folge, dass die Probleme noch größer wirken, als sie es sowieso schon sind. Richtig dagegen ist, dass nachhaltige Problemlösung tatsächlich nur möglich ist, wenn die Problemlöser die Wechselwirkungen des Boden-Pflanze-Tier-Komplexes erkennen; so müssen wir zum Beispiel erst (wieder) wahrnehmen, dass Hühner sich teilweise von Wurmlarven der Rinder ernähren können, um die Vorteile von Synergien nutzen zu können.

Und das ist ein Muss! Mir klingt dazu ein Lieblingszitat von

Karl Ludwig Schweisfurth in den Ohren – die Umkehr eines Bibelzitates, das im neutestamentarischen Wortlaut auch als Filmtitel berühmt wurde:

»Denn wir tun nicht, was wir wissen.«

Ich habe die Hoffnung, dass der weltumspannende Agrarbericht der UN der ökologisch und ethisch inspirierten Vernunft Wege bahnt. Eine Wegbahnung findet am Nordrand des bayerischen Herrmannsdorf statt – Stichwort: symbiotische Landwirtschaft!

Anita Idel
Tierärztin, Mediatorin und Mitautorin
des Weltagrarberichtes der UN

Rechenschaft vor einem Kotelett

»Dieses Kotelett«, sagt Joachim, »verdient einen anderen Namen; Kotelett ist irreführend.«

Ich nicke und kaue. Tischgespräche sind eine feine Sache. Aber nur bis zu einem gewissen Punkt. Ein wirklich gutes Stück Fleisch ist mir zu gut, um es mit vielen Worten gewissermaßen an den Tellerrand zu drängen. Und erst dieses Kotelett vor mir! Es ist perfekt, fein marmoriert und von wunderbarer fest-zarter Konsistenz. Und es ist abgehangen. Ja, richtig gelesen: *abgehangen* – etwas, das sich für ein *Normal*-Kotelett eigentlich verbietet.

Die Rede ist von keinem Normalkotelett. Dieses hier vor mir ist so gut, dass ein Spitzenkoch aus München – vor Zeugen und laufender Kamera – jubilierte; so etwas hätte er noch nie auf der Zunge gehabt. Kurzum, vor mir liegt ein www.Weideschwein-Kotelett.

www?

Das hat nichts mit virtuellen Internet-Welten zu tun. Im Gegenteil. Was www – in diesem, in unserem Sinne – bedeutet, erkläre ich, wenn Sie gestatten, ein wenig später (im Kapitel *Kosmos Schwein*). Zuvor aber muss ich eine grundlegende Bemerkung machen. Ich muss eine *Ent*-Täuschung (im Wortsinne) ansprechen. Es gilt, eine hoch mit Hoffnung besetzte Täuschung für beendet zu erklären: Das große Projekt der Aufklärung reicht nicht, um die Welt nachhaltig zu bessern.

Diejenigen, die für die Degenerierung unserer Lebensmittel verantwortlich sind, für Tierseuchen und Gammelfleisch, für den wahrhaft viehischen Umgang mit Nutztieren, aber auch unsere Politiker, die gegen all das, wenn überhaupt, nur halbherzig einschreiten – diese Täter, Mittäter und Dulder sind auf der sicheren Seite. Sie konnten sich bisher darauf verlassen, dass ihnen all die Entlarvungen und Skandale nicht wirklich schaden. Die entlarvten Verhältnisse schämen sich keineswegs zu Tode.

Entlarvung schadet den Profiteuren schlimmer Verhältnisse so lange nicht, wie an den Ladenkassen weiterhin *für* Gammel-Fleisch, Industrie-Milch, aufgeblasenes Brot und vielfach gespritztes Obst und Gemüse abgestimmt wird. Es bleibt, wie es ist, solange unsere Wut nur in immer gleichen Alarm-Artikeln, Leserbriefen oder Talk-Shows abgewickelt wird. Sie darf ruhig mal kurz aufkochen, unsere Wut. Soll sie sogar; die Verantwortlichen wissen recht gut um die Funktion von Ventilen. Solange bei uns Wut und Empörung ungefährlich und folgenlos bleiben wie Stoßseufzer, ist alles gut – in ihrem Sinne. Hauptsache wir *lideln* weiter und kaufen *aldi*-Dinge, deren Ladenpreise sicherstellen, dass Tierausbeutung und Tierqual, Bodenverödung und ruinöse Umweltbilanzen weiterhin Teil des Systems bleiben. Wer verlangt, dass ein 1000-Gramm-Kotelettfleisch für 3,99 Euro zu haben ist, veranlasst Tierqual und macht sich der passiven Tierquälerei schuldig. (Und wer nach Spanien fährt, um streunende, verhungernde Hunde zu retten – was meinen tiefen Respekt hat –, aber daheim Super-Billigst-Fleisch kauft, sollte sich höchstens »selektiver Tierschützer« nennen.)

Wenn gegen solche Zustände noch etwas hilft, dann die Tat. Als da wäre? Boykott an der Ladenkasse? Ja, auch das. Vielleicht. Aber ich denke noch an etwas anderes: Wir müssen gangbare Wege aus den Schweineställen und Treibhäusern der Gegenwart suchen und finden! Es gibt sie. Davon will ich berichten.

Ich würde jetzt allerdings viel lieber etwas zur Fettkruste dieses www.Weideschwein-Koteletts vor mir auf dem Teller sagen und auch dazu, warum es für mich fast so etwas wie Medizin ist, dieses Fett, das kein Normalfett ist und wohlschmeckend noch dazu. Es würde mich reizen, über Omega-3-Fettsäure zu reden und darüber, wie …

Aber der Reihe nach. Ich denke, es geht nicht anders, als dass ich mich anfangs etwas gründlicher vorstelle.

Die Faszination des Machbaren

Wenn ich als gelernter Metzgermeister heute bekenne, mich manchmal zu schämen, Metzger zu sein, dann schwingt da auch so etwas wie Trauer mit: Was hat die Moderne aus meinem geliebten Metier, dem Metzgerhandwerk, gemacht? Welch ungeheures Ausmaß an Kulturverlust und Schöpfungsvergessenheit ist nötig, um Tiere im Akkord zu produzieren und dann im Sekundentakt ans Messer zu liefern?

Aber – und hier muss ich den jungen und mittelalten Karl Ludwig Schweisfurth zu Wort kommen lassen –, da ist noch etwas anderes: Die Faszination von Technik und Fortschritt. Ich weiß, wovon ich rede, denn ich war ihr erlegen; ich habe als langjähriger Chef und Gestalter eines der größten europäischen Fleischproduktionskonzerne – Herta im westfälischen Herten – lange Zeit einer Technik und einem Fortschritt den Weg gebahnt, die nicht gut getan haben. Uns nicht und der Kreatur schon lange nicht.

Es tut weh, aber es ist nötig, sich zu erinnern. Allein schon um ein Gespür dafür zu bekommen, mit welchen Wirkmechanismen wir es zu tun bekommen, wenn uns das Große, das Durchrationalisierte, das Schnelle, das Profitable vor Augen tritt. In meiner Autobiographie (*Wenn's um die Wurst geht*) habe ich mich gezwungen, mich noch einmal dem 25-jährigen Karl Ludwig Schweisfurth auszusetzen, der 1955 mit einer Gruppe von meist älteren Leuten aus der deutschen Fleischbranche auf Informationsreise in die Welt der US-Schlachthöfe aufbrach. Die erste Station unserer Reise war New York. Woran ich mich erinnere, ist ein anhaltendes Gefühl des Staunens – normalerweise staunt man für Sekunden oder Minuten, aber dieses Staunen damals wurde zum reisebegleitenden Grundgefühl.

Die New Yorker Merkel Inc. war damals ein einziges Faszinosum für mich. Ich sah zum ersten Mal eine mir völlig neue Art von Arbeitsorganisation, so technisiert und so rationell durchdacht, wie es keiner aus unserer deutschen Reisegruppe jemals zuvor gesehen, geschweige denn für möglich gehalten hatte.

Wir sahen als erstes ein langes Fließband, auf das tote Schweine fielen. Männer beidseits des Bandes zerteilten die Schweinehälften, sie taten es mit automatenhaft schnellen, exakten Bewegungen. Wenn man die Augen zu Schlitzen verengte, verschwammen Maschine und Menschen zu einer einzigen Mega-Zerhackmaschine. Erst wurden die großen Teile wie Schinken, Schulter, Koteletts und Bauch zerlegt, später aus den Schinken die Knochen herausgenommen und die Schwarte abgezogen. Diese Arbeit leisteten etwa dreißig Männer; am Ende des Bandes war das Tier in seine Bestandteile zerlegt. Jeder Arbeiter absolvierte nur seine wenigen Handgriffe. Die schlafwandlerische Sicherheit faszinierte mich, das war Teamarbeit in hoher Vollkommenheit.

Was es für einen Menschen bedeutet, ununterbrochen nichts als dieselben Handgriffe zu absolvieren, diese Frage kam mir nicht in den Sinn; ich war beeindruckt von der rationellen Durchführung, der Schnelligkeit und Sauberkeit, mit der alles ablief.

Die Arbeit fand im oberen Stockwerk eines vierstöckigen Gebäudes statt, was mich erst einmal verblüffte. Der Sinn dieser Überhöhung wurde schnell offensichtlich: Nach der Bearbeitung der einzelnen Fleischteile fielen sie durch dicke Fallrohre jeweils in die richtige Abteilung zur Weiterverarbeitung. Genial! Keiner der mitreisenden Fleischfachleute aus der Alten Welt hatte jemals so gut durchorganisierte Arbeitsabläufe gesehen. Besonders beeindruckend war für uns die kurze, absolut leerlauffreie Verarbeitungszeit.

Beeindruckt, oder eher verblüfft, hatten mich auch die Fleischverzehr-Gewohnheiten der Familie, bei der ich zu Gast war. Als ich, so wie ich es gewohnt war, den Knochen meines T-Bone-Steaks sauber fieselte, gab es erst ungläubiges Staunen und dann freundliches Gelächter: Was macht dieser Kraut da eigentlich ...? »Bei uns in den Staaten muss man nicht wie eine Hyäne die Knochen abnagen!«, sagte mein Gastgeber, und das war durchaus herzlich gemeint. »This is America, boy!« Fleisch hat man hier in Hülle und Fülle.

Ich war zum Glück nie in meinem Leben gezwungen, einem Knochen auch noch das letzte Fitzelchen Fleisch abringen zu müssen, aber es hat mich zeitlebens verstört, wenn gutes, köstliches Fleisch vom Teller weg entsorgt wird. Ich habe dann häufig – bevor es so weit kam – mit den Worten »Sie gestatten!« meinem Nachbarn oder gern auch meiner Nachbarin eine Fettkruste oder einen noch mit Fleisch behangenen Knochen vom Teller genommen und die »Reste« mit Wohlbehagen verspeist. Wenn dann pikierte Nachfragen kommen, pflege ich zu sagen: »Ich habe es den Tieren versprochen. Sie gestatten, dass ich nicht wortbrüchig werde.«

Die nächste Station war Chicago mit seinen großen Schlachthöfen. Manche hatten schon Geschichten über diesen Ort gehört, aber was wir dort sahen, ließ alle Phantasien verblassen. Damals gab es noch die traditionellen Schlachthöfe wie Swift und Armour, dazu noch einige damals bekannte Namen, die aber heute keinem mehr etwas sagen.

Wir deutschen Besucher standen vor und in diesen riesigen Hallen wie die Würstchen vom Lande. Dass zum Beispiel die Koteletts an der Stelle im Parterre landeten, wo sie eingepackt und versandfertig gemacht wurden, erschien uns wie ein Wunder. Andere Fleischteile und Speck kamen zielgenau bei der Wurstverarbeitung an, wo dann an Ort und Stelle mit standardisierten Mixturen die Wurst gewürzt und fertiggestellt wurde – ein einziges Wunderland für uns. Dass dafür natürlich ein gewal-

Die Schlachthöfe in Chicago Mitte des 20. Jahrhunderts – Effizienz wurde zum Maß allen Denkens und Handelns.

tiger technischer Aufwand getrieben werden musste und möglicherweise auch Geschmacksverminderung in Kauf genommen wurde, haben wir uns zunächst nicht klargemacht. Wir waren einfach sprachlos, sonst hätten wir gesprächsweise darauf kommen müssen, dass durch die immer gleichen Abläufe und standardisierten Rezepturen keinerlei individuelle Varianten erzielt werden können.

Ich war mit dem Stolz des Metzgergesellen angereist, der es in der Hand und in der Zungenspitze hat, herrliche Geschmacksnuancen zu kreieren, und ich ging gewissermaßen vor der Großmaschine in die Knie, die alles präzise nivelliert. Seltsam, aus heutiger Sicht. Wenn mir hingegen in dieser damaligen Situation des Aufsaugens, des begeisterten Zurkenntnisnehmens jemand gesagt hätte, dass ich ein paar Jahrzehnte später das genaue Gegenteil von Standardisierung und Automation zum Motto erheben werde, ich hätte es für üble Einrede gehalten.

In Chicago sahen wir auch, wie ein Zug nach dem anderen aus dem Mittelwesten ankam und Tausende von Rindern ausspuckte, die dann von verwegen aussehenden Männern auf Pferden in lange Gänge getrieben und in abgezäunte Areale gepfercht wurden. Slaughterhouse Cowboys. Die Areale waren von Brücken überspannt, auf denen die Einkäufer standen, die den Preis aushandelten. Eine Preisnennung bezog sich jeweils auf fünfzig Rinder. Es ging zu wie an der Börse, die Preise wurden per Zuruf ausgehandelt. Die Luft vibrierte nicht nur vor Lärm, sie zitterte auch vor Gestank. Ja, es stank bestialisch, es war fast unerträglich.

Die Gebäude der großen Fabriken, mehr oder minder eng zusammengedrängt, waren Ziegelbauten, die Deckenbalken überwiegend aus Holz, die Fußböden mit Sägemehl eingestreut, um heruntertropfendes Blut aufzunehmen. Man musste es nicht wegspülen, sondern konnte die blutgebeizte Kruste von Zeit zu Zeit wegschieben; so konnte man ohne Wasser das Klima trocken halten. Der Preis war der Gestank, der aus dem Areal hervorquoll und das ganze Stadtviertel überwölkte; und der Westwind stülpte ganz Chicago eine Dunstglocke über. Die Geruchsmischung aus Kot und Sägemehl, Schlachtabfällen und Blut war so penetrant, dass wir uns nasse Taschentücher vor die Nase halten mussten.

Was wir Mitte der Fünfzigerjahre sahen, war schon die abgespeckte Version des Grauens. Der amerikanische Autor Upton Sinclair hatte schon 1906 eindringlich und realistisch den Arbeitsalltag und vor allem die Ausbeutung der Arbeiter in den riesigen Schlachthöfen von Chicago beschrieben, hatte einem entsetzten Publikum vor Augen gestellt, wie das Vieh am Fließband getötet und in Dosen gepresst wurde. Sein Roman *The Jungle* (deutscher Titel zunächst *Der Sumpf*, später *Der Dschungel*) schilderte die Zustände in den Union Stock Yards von Chicago und veranlasste schließlich die Durchsetzung eines speziellen »Gesetzes zur Inspektion der Schlachthöfe zwecks Aufrechterhaltung der Hygiene und des Lohnniveaus«. Der Roman hat damals nicht nur die amerikanische Öffentlichkeit in Aufruhr versetzt, sondern auch die deutsche Regierung veranlasst, durch erhöhte Zölle die Einfuhr von Fleisch zu drosseln. Natürlich ging es den Importeuren von Überseefleisch nicht um die Schicksale von Mensch und Vieh jenseits des großen Teiches, sondern nur um die Hygiene. Denn da drangen schauerliche Details herüber ins Kaiserreich, wo man noch nach Altväterart schlachtete:»Es kam vor«, schreibt Nan Mellinger in seinem Buch *Fleisch. Ursprung und Wandel einer Lust*,»dass die Konserven auch einen in den Wirren des Schlachtens samt der Tiere verarbeiteten Menschen enthielten.«

Sinclairs Roman war nicht nur ein Verkaufserfolg, er bewirkte schließlich auch eine Verbesserung der hygienischen Verhältnisse und der sozialen Lage der Arbeiter. Als wir rund fünfzig Jahre nach Sinclairs Recherchen und zehn Jahre nach Kriegsende den »Dschungel« betraten, war er schon ein gutes Stück durchforstet: Es gab Gewerkschaften, die über die Arbeitsbedingungen wachten, und verbesserte Hygienestandards.

Faszinierend und durchaus nachahmenswert erschien mir damals die straffe Organisation. Aber auch die Sauberkeit und Hygiene – nicht überall (wie gerade beschrieben), aber da, wo Arbeiter unmittelbar mit dem Produkt Berührung hatten. Und dann diese Schnelligkeit! Mein Gott, was waren unsere Produktionsanlagen im westfälischen Herten doch für verträumte Orte!

Viele Jahre später las ich, dass Fließbänder erstmals von Henry Ford bei der Produktion der berühmten Tin Lizzy, der ersten automobilen Großserie, eingesetzt wurden; abermals ein paar Jahre später las ich die Korrektur: Ford hatte das Fließbandsystem in den Schlachthöfen von Chicago abkupfern lassen, an den Orten, wo die Fließbandschlachterei erfunden und entwickelt wurde. Ein Unterschied war allerdings gravierend: In Chicago wurde an den Bändern zerlegt, in Detroit zusammengebaut.

In den gigantischen Schlachthöfen der USA war mir noch etwas anderes aufgefallen. Die Tierkörper sahen im geschlachteten Zustand anders aus als daheim. Das erschien mir äußerst interessant. Wir erfuhren, dass die Rinder in den USA ganz anders ernährt werden als bei uns. Das US-Rind fraß schon damals nicht Gras und Heu, sondern wurde mit sogenannter »hot food« (Maissilage, Soja, Getreide) intensiv »ausgemästet«, wie es im Fachjargon heißt. Dadurch sieht die Fettmarmorierung anders aus, den ganzen Tierkörper überzieht eine zwei Zentimeter dicke Fettschicht. Ich weiß nicht mehr genau, was ich damals beim Anblick dieser Rinder im eigenen Speckmantel gedacht habe, aber ich vermute, dass ich – begeistert von den vielen Neuerungen – auch diese erst einmal für begrüßenswert gehalten habe.

Schon während der Dampferfahrt zurück nach Europa entstand mein Plan, das »Mittelalter« in unserer alten Fleischfabrik zu beenden. Denn so sah ich es: Unsere Methoden und Verfahren in Herten erschienen mir so »mittelalterlich« wie eine Stellmacherei (also eine Werkstatt für Zugtierwagen und Holzräder) verglichen mit einer Autoproduktionsstraße. Und das sagte ich auch meinem Vater, der seinem Sohn, dem designierten Erben und Junior-Chef, erstaunlich gelassen und aufgeschlossen zuhörte. Und tatsächlich, noch in den späten Fünfzigern begann die industrielle Um- und Aufrüstung von Herta Wurst zu einem Ort hochmoderner, durchrationalisierter Fleischproduktion.

Herta – insofern muss ich den Mittelaltervergleich gleich wieder ein Stück weit zurücknehmen – war für damalige, europäische Verhältnisse modern. Und Anfang der Achtziger wurden immerhin 250 Schweine in der Stunde geschlachtet. Es gab viel Tageslicht und zahlreiche Blickmöglichkeiten nach draußen in die Natur. Und (unerhört!) Kunst! Sie hing an den Wänden oder, wenn das aus hygienischen Gründen nicht möglich war, stand draußen im Blickbereich vor den großen Fenstern. Wolf Vostell etwa schuf eine Wandszene, die den Höhlenmalereien von Altamira nachempfunden war; Norbert Tadeusz entwarf wunderbare Urviecher von Rindern; und noch der Mann, der die Gedärme aus dem geöffneten Schweineleib herausnahm, schaute dabei auf eine angestrahlte afrikanische Kultfigur in einer Dschungellandschaft hinter Glas. Das war mein Versuch, entstanden aus einem Gefühl heraus, den Metzgern das Töten im Takt der Maschine erträglicher zu machen. »Gelungen«, sagten viele, »makaber bis geschmacklos«, meinten einige, »spinnert«, meinte ziemlich einhellig die Fachwelt. Elektrisiert und fasziniert zeigte sich Joseph Beuys, den ich Anfang der achtziger Jahre durch die kunstbehängten Hallen führte.

Ich erkenne heute natürlich deutlich, dass meine Fürsorge damals den Menschen galt, den Arbeitern – aber kaum je den Tieren. Das kam dann erst später.

Auch in Herrmannsdorf werden Schweine getötet, an zwei Tagen circa zehn in der Stunde, drei Stunden lang, jeweils am Morgen. An den anderen Werktagen werden Ochsen, Kälber und Lämmer geschlachtet.

Die Schweine liegen in vertrauten Gruppen ruhig auf Stroh in einer stallähnlichen Umgebung, fast bis zum letzten Augenblick. Dann holt sich unser erfahrener Schlachter Alex Tier für Tier, einzeln, eines nach dem anderen, begleitet es Schritt für Schritt beim neugierigen Erkunden einer neuen Situation und zwickt im richtigen Augenblick mit der elektrischen Zange. Kein Laut ist zu hören, kein Klappern, kein Scheppern, kein Zischen irgendwelcher Technik, nur das leise ruhige Reden von Alex mit den Tieren. Für Fachleute ist das kaum zu glauben: Kein Schrei, kein panisches Quieken ist zu hören. Das betäubte, ruhig daliegende Schwein wird nun »gestochen«. Alex sagt, er müsse dem Tier diese Zeit zum Sterben geben. Sodann wird der Platz gesäubert für das nächste. Ich erlebe es übrigens immer wieder, dass Menschen meinen, der Elektroschock töte das Tier. Nein, er betäubt; das Schwein stirbt unter Betäubung an Blutverlust nach dem »Stechen«.

Wenn ich mich heute zu einem Fürsprecher des Schlachtviehs

mache, das maschinell entseelt und im Akkord zerhäckselt wird, dann tue ich das mit dem Ziel, das »Mittelalter« zu beenden. Auch und gerade das »Mittelalter«, das in einer High-Tech-Rüstung daherkommt. Das Mittelalter übrigens – also die Epoche, die die Historiker meist mit dem Ende der Völkerwanderung im 6. Jahrhundert beginnen und 1492 mit der vermeintlichen Erst-Entdeckung der Neuen Welt durch Kolumbus enden lassen – war eine Zeit, in der Tiere erstaunlicherweise schon mal vor Gericht landen konnten, in der aber Tierethik und Tierrechte fast keinen Platz hatten; allenfalls Außenseiter wie der heilige Franziskus in Italien und der heilige Kevin in Irland hegten brüderliche Gefühle für die Kreaturen. (Wer sich für die rechtliche und kulturbedeutsame Stellung des Tieres durch die Jahrhunderte und durch die Epochen interessiert, besorge sich die Dissertation von Nicole Gerick: *Recht, Mensch und Tier.*)

Ich ahne, dass das kollektive Gedächtnis der Völker lang ist, dass wir gewaltig viel Frühzeit, Antike und Mittelalter in und mit uns herumtragen, wenn wir uns auf dem Weg zu einem neuen Tier-Verständnis machen.

Die Befreiung der Schweine

Vor einiger Zeit hörte ich ein Bonmot, das mich über den Tag hinaus nachdenklich machte:

»Es gibt etwas Schlimmeres als unerfüllte Träume. Erfüllte Träume«.

Der Angelhaken für den Geist steckt in einem scheinbaren Paradoxon: Ja, kann es denn – so denkt man spontan und zum Widerspruch bereit – etwas Schöneres geben, als wenn sich Träume erfüllen? Große Träume allzumal? Lebensträume womöglich? Was soll an deren Erfüllung »schlimm« sein? Ist dieser Satz nicht eine Verhöhnung all der vielen, denen ein Leben lang alle Träume zerplatzt sind? Und hört man nicht immer mal wieder von glücklichen alten Menschen, die auf ein erfülltes Leben zurückblicken und im Brustton seelentiefer Zufriedenheit sagen: »Ja, es war gut so!«

Ich musste, als dieser Satz von den erfüllten und unerfüllten Träumen an mir zu nagen begann, an eine Geschichte denken, die mir ein Freund erzählte, die Geschichte von einem italienischen Schuhmacher aus Padua, einem wunderlichen Greis, der seine Schuhe mit Hingabe und großer Meisterschaft fertigte. Mein Freund stand eines Tages in dessen Werkstatt, einem kleinen und für Ortsunkundige fast unauffindbarem Ort. Es roch nach Leder, Vergangenheit und einer Zeit, als Handwerk noch Boden (wir müssen nicht gleich von »goldenem« reden) unter sich hatte. Die schon etwas gichtigen Finger des Alten glitten über einen hocheleganten Herrenschuh; mein Freund sah es aus dem Augenwinkel, als er sich in seiner Werkstatt umschaute. Ein

Meisterstück war das, was der Alte da prüfend in der Hand wog. Ja, ein Meisterstück, das konnte man erkennen – nein: spüren. Und dann sagte der alte Meister, bevor mein Freund dessen Arbeitshöhle verließ: »Ich werde zu alt für den Beruf. Ich glaube nämlich, ich kann keinen besseren Schuh mehr machen als diesen hier. Basta!«

Anfang des neuen Jahrtausends war ich, der gelernte Metzgermeister, Betriebswirt, Geschäftsmann, Ex-Fleischindustrielle und Kunstliebhaber in einer ähnlichen Situation. Ich war in Deutschland als Gestalter und Leiter eines industriellen Fleischkonzerns einer der erfolgreichsten »Macher« in der zweiten Hälfte des 20. Jahrhunderts. Das auszublenden wäre eine unbescheidene Bescheidenheit. Und ich habe – von dieser Kehrtwende in meinem Leben wird noch die Rede sein! – seit Anfang der Achtziger eine ökologische Landwirtschaft und Lebensmittelerzeugung aufgebaut, von der ich, ähnlich wie der Schuster aus Padua, hätte sagen können: »Besser (oder sagen wir lieber: *grundsätzlich* besser) geht's nicht. Basta!«

Aber war es das wirklich?

Ich hatte mir den Satz von den erfüllten und unerfüllten Träumen auf einen Zettel geschrieben und trug ihn in der Jackentasche. Von den Alpen wehte ein warmer Föhn herüber, die Bäume standen rund um Herrmannsdorf in sommerlichem Grün. Unser Hof-Sommerfest mit bestem Sauerteigbrot, mit herrlichem Rohmilch-Käse und den allerbesten Würsten war ein Erfolg geworden. Es hatte gute Gespräche gegeben. Wie jedes Jahr. Eine junge Frau hatte mir gesagt, dass ihr Herrmannsdorf Mut mache. Mut, es doch noch zu versuchen mit der Öko-Landwirtschaft, auch ohne den Partner, der ihr versprochen hatte mitzumachen und der nun nicht mehr da war, um sein Versprechen zu halten.

Mut machen macht Mut. Ich hätte mich damals, kurz nach dem Sommerfest 2000, eigentlich für den Rest des Folgetages freuen können, freuen sollen. Aber ich war unruhig. Die Hand in der Jackentasche knüllte die Seite mit dem Bonmot von den Träumen und der Lebenszufriedenheit. Ich betrachtete die Föhnwolken, die der Wind von der Alpenkette kommend nordwärts schob, und ich dachte an das Brecht-Gedicht von der Wolke und dem Lebenstraum dessen, der ihr nachschaut: »... und als ich aufsah, war sie nimmer da« – die Wolke, der Traum.

War denn mein Traum von einer anderen Landwirtschaft, einer Agrar-Kultur, die sich mit Recht Kultur nennen darf, fertig geträumt? War mein noch älterer Lebenstraum von dem bestmöglichen Fleisch, das man für Geld kaufen kann, vollendet? Vergegenständlicht in dem wunderbaren Fleisch, das die Herrmannsdorfer Landwerkstätten in fünfzehn Filialen im nahen Umkreis feilbieten? Gab es da keine Luft mehr nach oben? Nichts, was grundsätzlich besser sein könnte?

Unseren Herrmannsdorfer Schwäbisch-Hällischen Schweinen – vorbildlich bestallt und bestens ernährt – ging es gut. Das war leicht zu erkennen. Im Vorbeigehen warf ich den Läufern – so werden Mastschweine von etwa 25 bis 50 Kilogramm Gewicht genannt – in der vorderen Bucht etwas Klee vor. Sie machten sich freudig, aber ohne Hast und ohne futterneidische Beißerei, darüber her. In zu engen, schweinefeindlichen Industrieställen beißen sie sich die Ringelschwänze ab, aus Frust und wegen des Dichtestresses. Schlimmer, sie leiden unter ihrem eigenen Fäkalgestank, weil sie keinen Raum haben, ihr natürliches Sauberkeitsbedürfnis auszuleben und gezwungen sind, da abzukoten, wo sie liegen. Das »Dreckschwein« ist das Ergebnis einer Vergewaltigung, die Zucht ist eine Notzucht innerhalb der vier Wände einer Schweinebucht.

Aber diese Schweine hier, unsere Herrmannsdorfer, kamen dem Schweineglück so nahe, wie es mir nur irgend möglich erschien. Sie hatten ein Leben vor dem Tod. Zumindest das – ich hatte das in ungezählten Gesprächen anlässlich wissenschaftlicher Symposien mit Journalisten, Fachleuten und Herrmannsdorf-Besuchern immer wieder gesagt – sind wir jenen Lebewesen schuldig, die wir zu Lebensmitteln machen: Ein Leben, das deutlich mehr ist als eine dumpfe Existenz am Rande des Erträglichen und ein qualvolles Sich-Dahinschleppen bis in den Schlachthof.

Ach, diese Sache mit dem Traum ließ mich nicht los. Was Schweine träumen, kann ich nicht wissen. Aber lebten diese hier denn wirklich so nahe wie nur möglich am artgerechten Schweineglück? Ein etwas strenger Geruch wehte mich an. Geruch, nicht Gestank. Und keinesfalls so beißend, ätzend wie in den Ställen der Massentierhaltung, die ich in Westniedersachsen, den Niederlanden, der Po-Ebene und anderenorts erlebt habe. Man hätte den Geruch auch normal und ländlich nennen können. Aber irgendwie störte er mich ... und womöglich auch die Schweine?

In England hatte ich Schweine erlebt, die fast das ganze Jahr über auf Weidegang, also draußen waren und ihre Behelfsställe nur nachts aufsuchten. Diese Schweine hatten nicht mal andeutungsweise gestunken. Also: Es ist kein Naturgesetz, dass Schweine stinken. Davon sollte man eine Ahnung haben, wenn man sich mit diesen intelligenten Borstentieren beschäftigt.

Ich bin mit diesem leichten Geruch in der Nase und mit dem Papier in der Jackentasche ein paar Meter weitergegangen, hatte die Schweine hinter mir gelassen und mich in Richtung Streuobstwiesen am Nordrand der Herrmannsdorfer Hofstelle orientiert. Ich war gerade 70 geworden, mir ging es gut. Ich hätte, wäre ich Operetten-Fan, an diesem Nachmittag die Buffo-Arie aus dem »Zigeunerbaron« trällern mögen: »Ja mein idealer Lebenszweck, ist Borstenvieh und Schweinespeck!« Nur war da eben dieser Geruch, der nicht hätte sein müssen. Dieser Ruch von einem nicht ganz perfekten Schweineglück haftete noch in meiner Nase. Einer Nase, von der ich weiß, dass sie nicht annähernd so sensibel ist wie die eines Schweins.

Weideschweine – die bestmögliche Schweinehaltung für bestmögliches Fleisch

Dann, ein paar Dutzend Schritte weiter, stand ich vor dem Gelände, auf dem vor einigen Jahren ein engagierter Herrmannsdorfer eine Permakultur* betrieben hatte. Geblieben waren Hecken, Obstbaumreihen und Wiesen. Die Ahnung von Schweine-Uringeruch hatte meine Nase verlassen, es roch nach frischer Erde, eines der Permakultur-Hochbeete war noch intakt und verströmte diesen wunderbaren Geruch nach Humus.

Dann traf mich diese Idee. Und ich wusste, sie war saugut. Noch eines war mir klar: Ich würde ihr nicht ausweichen können. Nicht ich hatte sie, sie hatte mich:

Weideschweine statt Stallschweine!

* Permakultur bezeichnet die Idee, Wohnräume und landwirtschaftliche Produktionseinrichtungen synergetisch zu integrieren und dabei – mit minimalen Eingriffen in natürliche Abläufe – gute Ergebnisse zu erzielen. Dabei soll *jedes* Einzelsystem immer *ein anderes* oder *etliche andere* begünstigen, ganz nach dem Vorbild der Natur.

Mein Traum vom besten Fleisch und von bestmöglicher Schweinehaltung hatte noch etwas Freiraum vor sich, etwas an Gestaltungsmöglichkeit. Das Ungemach eines erfüllten Traumes ließ sich abwenden. Davon möchte ich erzählen. Nicht, weil ich meiner Autobiographie noch ein paar Kapitel hinzufügen will. Nein: Es ist wegen der Schweine und anderer bäuerlicher Nutztiere. Und wegen der Dinge, die wir ihnen schuldig sind. Und wegen des Fleisches, das tatsächlich noch ein Stück besser als »öko-gut« sein kann – dann nämlich, wenn es von optimal glücklichen Schweinen stammt.

Und noch etwas muss ich vorausschicken, damit Sie auf guter Grundlage entscheiden können, ob Sie ein paar Lesestunden für das Thema Fleisch, Lebensmittel und Glück übrig haben: Es würde sich nämlich nicht lohnen, diese Geschichte zu erzählen, wenn sie sich nicht *praktisch* nachvollziehen ließe, wenn sie nicht im Kern eine »Das-kannst-du-selbermachen-Geschichte« wäre.

Eine Vier-Hektar-Vision

Selbermachen? Fleischprodukte? Ein gewisses Erschrecken ist unschwer zu prognostizieren: So etwas verbietet sich doch wohl von selbst; mindestens aber verbietet es der Gesetzgeber! Und dann die Hygieneverordnungen und all die Regeln und Vorschriften, die besagen, wer, wie, wo und wann ein Tier töten darf.

Selbermachen an sich hat ja durchaus Charme. Man kann sein Brot selber backen, nachdem man das Getreide selber gemahlen hat; man kann sein Gemüse selber ziehen, sein Gartenobst selber ernten und weiterverarbeiten zu wunderbaren Konfitüren oder Säften, weit oberhalb des Qualitätslevels, das wir aus den Massenregalen kennen; man kann – mit einigem Aufwand allerdings – selber käsen; man kann, mit einem gerüttelt Maß an Sachkenntnis, selber imkern; man kann vielleicht auch selber eine kleine Fischzucht betreiben oder die Eier von Hühnern essen, denen man bereitwillig Anteile an seinem Ziergarten überlassen hat.

Aber selber Fleisch produzieren? Mit allem was dazu gehört wie Nutztierhaltung, Schlachten, Zerwirken, Wursten, Räuchern?

Ja!

Ich weiß, ich riskiere mit dieser Behauptung, dass Sie vorzeitig das Buch zuklappen. Zumal wir Zivilisationswesen mit dem Tod, der nun mal unabdingbarer Bestandteil des Schlachtens ist, nichts zu tun haben wollen. Es ist immer noch so, wie Bert Brecht schrieb: »Ich bestelle ein Steak, und der Unmensch von Schlachter tötet ein Tier.« Ich muss riskieren, dass Kritiker sagen, da hat sich mal wieder einer was Spleeniges ausgedacht, um mit einem kleinen Tabubruch in die Schlagzeilen zu kommen: Wursten für eine bessere Welt! Hahaha!

Ich kann die Häme und auch das Kopfschütteln Gutmeinender ertragen; ich habe einen ganz guten Trainingsstand darin. Vorerst aber – und bevor wir uns dem Aspekt »Selber-Schlachten« widmen – möchte ich darum werben, dass Sie sich von mir eine neue Art der Landbewirtschaftung vorstellen lassen, die auf eine Weise Fleisch bereitstellt, die tier-ethisch, ökologisch und noch in vielerlei anderer Hinsicht ... sagen wir mal ... *bemerkenswert* ist. Ich möchte also um Ihre Bereitschaft werben, die kritische Frage nach dem Aspekt des Selbermachens noch ein wenig zurückzustellen, bis klarer geworden ist, was mit »symbiotischer Landwirtschaft« gemeint ist.

Als ich mir an dem erwähnten Sommertag auf dem Gelände der ehemaligen Permakulturfläche den Geruch von Schweinestall aus der Nase wehen ließ, sah ich vor meinem inneren Auge – Schweine. So eine sparsam gemähte Wiese wie diese, dachte ich mir, mit all den angrenzenden Hecken, müsste ein Paradies für Wühler und Graser sein.

Mir war schon seit langem klar, dass Schweine, die sich viel bewegen, die ihren Urinstinkten folgend die Rüssel in die Erde stoßen, um sich allerlei schweinemäßig Gutes einzuverleiben, die geerdet sind und mit Wind, Sonne und Regen in Kontakt sind, kurzum, dass solche Glücksschweine gesunde Schweine sind. Und dass gesunde Schweine das bessere Fleisch liefern, steht (nicht nur für mich) außer Frage. Sollten da nicht Schweine, die optimale Lebensbedingungen haben, noch besseres Fleisch liefern?

Wenn man so will, stand also eine Qualitätsvision am Anfang dessen, was wenig später den Namen »symbiotische Landwirtschaft« bekommen sollte. Um noch einmal auf den Schuster aus Padua zurückzukommen: Ich sah hier die Chance, meinen besten Schuh doch noch besser zu machen. Mein bester Schuh war bis dato Herrmannsdorf, der gebaute Beweis, dass ein ganzheitlicher landwirtschaftlicher Produktions- und Veredelungsort mit kurzen Wegen und langfristigem wirtschaftlichen Erfolg möglich ist. Und nun gab es wieder freien Raum zum Probieren. Probieren mit Mut zum Irrtum – schlimmstenfalls zum Scheitern.

Die vier Hektar große Fläche, auf der wir (schon zu einem sehr frühen Zeitpunkt hatte ich den erfahrenen Agrarwissenschaftler und promovierten Ethologen Günter Postler an meiner Seite) mit unserem Experiment begannen, bot sehr gute Startbedingungen. Die Fläche war nach extensiver Bewirtschaftung in der Tradition der Permakultur zwei Jahre brach liegen geblieben und nur in großen Abständen gemäht worden. Eine Kulturbrache also, allerdings eine mit vorzüglicher Struktur, gegliedert von gut angewachsenen, fast zwanzigjährigen Hecken und durchzogen von 270 Obstbäumen sowie einem kleinen Teich.

Diese Fläche wollten wir nun einer Gruppe von jungen Schweinen, Test-Schweinen, zur Verfügung stellen. So viel Fläche für so wenig Fleischertrag? Aus Sicht moderner Landwirtschaft musste unser Vorhaben wohl erst einmal wie rückwärtsgewandter Unsinn erscheinen – und an entsprechenden Kommentaren hat es von Anfang an nicht gefehlt. Einer, der mir besonders zu denken gab: In Mitteleuropa haben sich über Jahrhunderte Forstbereich, Landwirtschaft und Gartenbau getrennt entwickelt. Dafür gab es gute Gründe und schlechte Erfahrungen. Die mittelalterliche Waldhütung und Waldweide von Schweinen, Rindern, Ziegen, Pferden und anderen Nutztieren hatte den Wald übernutzt, geschädigt und mancherorts sogar vernichtet; wobei allerdings Hausschweine – die vorzugsweise eingetrieben wurden, um sich an Eicheln zu mästen – kaum oder gar nicht zu den Waldschädlingen zu rechnen sind. In vielen Landstrichen waren Wälder regelrecht verhungert, weil mit dem Herbstlaub, das man als Einstreu-Material für die Winterstallungen nutzte, dem Waldboden die nötigen Nährstoffe entzogen wurden. Es entstand eine akute Bedrohung der Wälder, und die Verbannung der

Zahmtiere aus dem Forst war ebenso folgerichtig wie unvermeidbar. Die Trennung von Weide und Forst wurde als unausweichlich gesehen. Und auch die andere Trennung ist leicht nachvollziehbar: Aus der Landwirtschaft hat sich sehr bald der kommerzielle Intensiv-Gartenbau abgesondert, der natürlich die Anwesenheit von hungrigen Mäulern nicht verträgt – siehe den sprichwörtlichen Bock, der nicht gärtnern sollte.

Und nun, unter dem Siegel »symbiotische Landwirtschaft«, ein Ansatz, der ein Stück weit Forst, Garten, Weide, Feldanbau und Nutztiere auf einer Fläche vereinen will? Das löste erst einmal Stirnrunzeln aus bei Freunden und Ratgebern, denen wir von unserem neuen Ansatz mit einer »schweine-gestützten symbiotischen Landwirtschaft« berichteten.

Unsere Erwartungen an die ersten Läufer – ich sollte sie Vor-Läufer nennen – waren hoch: Sie sollten uns möglichst präzise und für uns verständlich sagen, wie ihnen das Neuland gefällt.

Vorbedingung für unseren »Freilandversuch« war ein stabiler Zaun um das Areal, denn bei allem Willen zu größtmöglicher Freiheit konnten und wollten wir nicht riskieren, dass das erste Schwein aus unserer Serie von einer Kühlerhaube an der nahe gelegenen Durchgangsstraße zu Tode gebracht wird. Es gab noch einen anderen, einen hochoffiziellen Grund für einen *stabilen* Zaun: Er muss wildschweinsicher sein, verlangt der Gesetzgeber (siehe dazu das Kapitel *Symbiotische Landwirtschaft – so wird es gemacht*). Der Austausch von Krankheitskeimen zwischen Zahm- und Wildschwein muss, so weit wie irgend möglich, ausgeschlossen werden. Als wildschweinsicher gilt eine Weide laut Schweinehaltungshygieneverordnung, wenn sie eine doppelte Einfriedung hat, nämlich einen soliden, festen Außenzaun und einen mobilen inneren Elektrozaun.

Unsere Leitidee war einfach: Wir wollten uns noch einmal ein Stück weit von unserer als vorbildlich prämierten Schweinehaltung in Herrmannsdorf absetzen. Zum einen, indem wir so weit wie möglich von der üblichen Stallunterbringung abrückten, zum anderen sollten sich die Schweine möglichst aus der Fläche heraus ernähren. Die Grundbedürfnisse eines Schweins – Nahrung finden, Wonnewühlen, Weiden, Auslauf, Klimareize aufnehmen – sollten auf der Vier-Hektar-Fläche befriedigt werden können. Etwas, das natürlich nur funktionieren kann, wenn man den Tieren – pflanzend – den Tisch deckt, und das heißt: weniger *vor*werfen als vielmehr *nach*wachsen lassen.

Unsere Startschweine waren Läufer, Schwäbisch-Hällische (Mutterlinie), rund vierzig Kilogramm schwer. Es handelte sich um Tiere, die nebenan in Herrmannsdorf in Ställen aufgewachsen waren, allerdings mit großzügigem Auslauf und unter besten Bio-Futterbedingungen. Die ursprüngliche Idee, Schweine von Geburt an auf unserer Testfläche aufzuziehen, verwarfen wir aus wirtschaftlichen Gründen. Natürlich wäre das Schweineglück noch größer, wenn die Tiere von klein auf optimale Bedingungen erleben dürften: Wühlen und Freigang von Anfang an. Aber schon eine Überschlagskalkulation machte uns klar, dass die räumliche Konzentration von Ferkelaufzucht, von Mast und Endmast auf *einer* Fläche nicht machbar ist. So wünschenswert es auch wäre, Muttersauen und Ferkeln die ganze Fülle und Weite einer symbiotischen Tierhaltung zu gönnen, der Flächenverbrauch würde einer Kosten-Nutzen-Rechnung nicht einmal annähernd standhalten. Wir beschlossen daher, uns auf die sogenannte Endmast-Phase zu konzentrieren, die letzten drei bis fünf Lebensmonate. Das ist der Abschnitt in einem kurzen Schweineleben, in dem sich Fleisch- und Fettqualität ausbilden aus dem, was die Schweine in dieser Zeit fressen – getreu der alten Lebensweisheit, dass jedes Lebewesen (und nicht nur der Mensch) ist, was es frisst.

Kernzone des Schweinelebens war und ist bei uns der Weideacker, der etwa 60 Prozent unseres Areals einnimmt. Hier decken wir den Tieren den Tisch. Der Pflanzenmix besteht aus verschiedenen Kleearten (Weißklee, Rotklee, Alexandriner und Persischer Klee). Ferner gibt es diverse Kräuter, und bei Gräsern sind

Kräuter, Klee und Gräser: Wenn Schweine die Wahl haben, sind sie
durchaus wählerisch.

Weidelgras, Rotschwingel und Knäuelgras vorherrschend. Und
dann noch die Sahne auf dem Kaffee: Erbsen, Wicken, Lupinen,
Phacelia, Leindotter, Buchweizen und Sonnenblumen.

Hier fressen sie das frische Grün. Und dann wühlen die Tiere,
denn – wie vielleicht nicht mehr überall bekannt – sie interessiert nicht nur das, was überirdisch abbeißbar ist, sondern
ganz besonders auch Wurzelwerk und allerlei Kleingetier da-
zwischen. Wer genau hinschaut, findet bestätigt, dass Schweine
Selektierer sind. Wenn sie die Chance haben auszuwählen, fressen sie das, was ihnen am besten schmeckt, was »ausgesucht«
gut ist – und ich unterstelle: auch das, was ihnen am besten
bekommt. Dazu gehört gerne auch Klee, und nicht nur der vier-
blättrige ist für Schweine das Glück schlechthin. Holzhaltige
Pflanzen dagegen oder solche mit höherem Anteil von Bitterstof-
fen meiden sie. Aber interessanterweise nicht immer und nicht

zu jeder Zeit. Günter Postler, der wissenschaftliche Leiter und Betreuer unserer symbiotischen Landwirtschaft, registrierte, dass einige der »No-good-Pflanzen« in einem späten Reifestadium offenbar aus Schweinesicht gut genießbar sind. Wir machten Beobachtungen, die so in keinem Schweinehaltungs-Lehrbuch stehen. Wie auch? Schweinehaltung ist ja normalerweise: Friss (das vorgesetzte Schnellmastfutter) und stirb (im jugendlichen Alter von gerade mal sechs Monaten)!

Wir mussten feststellen, dass es kaum deutschsprachige verwertbare Literatur über das Futterverhalten von Freilandschweinen gibt. In England werden Schweine in die Fruchtfolge gelegentlich mit eingebunden: Sie werden über abgeerntete Flächen getrieben. Aber auch in England leben Schweine in aller Regel nicht wie unsere Test-Schweine auf der Fläche, auf der ihr Normalfutter wächst. Wir hingegen ernten nicht Futter, das an Tiere verfüttert wird, sondern wir lassen die Tiere selbst ernten, um später wiederum ihr Fleisch zu ernten. Wir bauen Fleisch an. (Dass wir in der kalten Jahreszeit ein wenig von diesem Ideal abrücken müssen, wird an anderer Stelle dargelegt.)

Die nebenbei erledigten Arbeiten der Schweine sind vielfältig. Sie ernten nicht nur im Grünlandbereich, sondern auch vor und in den Hecken, die für sie bevorzugte Aufenthaltsorte sind. Diese Hecken sind das, was Landschaftsgestalter eine »Waldsimulation« nennen, ein Ersatz für die Wälder, aus denen ihre wilden Verwandten kommen und in denen Hausschweine noch vor ein paar hundert Generationen weiden durften. Die Hecken sind also keine verlorene Nutzfläche, sondern integraler Bestandteil artgerechten Schweine-Wohlbefindens. Heckenfutter ist, sagen mir Experten, sogar noch schweinemäßig besser als Waldfutter. Die Wuchsstreifen bieten Wind- und Schneeschutz, im Spätherbst Beerennahrung, Bucheckern, Haselnüsse, Hagebutten und sogar einige Eicheln. Und wo Holz verrottet, gibt es nicht zuletzt auch eine schmackhafte Kleintier-Diät.

Die Hecken bewähren sich auch als Aufenthaltsorte, wenn

Hecken und Bäume bieten Schutz und reichhaltig Futter.

die Schweine eine kurze Zeitlang keinen Zutritt zum Grünland haben. Das ist dann der Fall, wenn auf zu stark aufgewühlten Grünlandflächen geeggt und stellenweise nachgesät wird. Ein System leicht verschiebbarer Elektrozäune stellt sicher, dass die Schweine von bestimmten Arealen zeitweise ferngehalten werden – so lange, bis hier der Tisch wieder für sie gedeckt ist.

Noch einmal zum »Tischdecken«, denn das ist eine spannende Sache. Hier offenbarte sich erneut, wie wenig wir von den Tieren wissen, mit denen wir schon einige Jahrtausende auf Tuchfühlung leben. Experten und Praktiker hatten uns gesagt, Hausschweine seien auf bestimmte Futtermischungen scharf, zum Beispiel auf jene, die von Jägern im Wald-Feld-Grenzgebiet ausgestreut werden, um Wildschweine von landwirtschaftlichen Nutzflächen fernzuhalten: Mischungen aus Getreide, Mais und Gräsern. Unsere Läufer zeigten uns beziehungsweise diesem Angebot allerdings die kalte Schulter. Es war offensichtlich, dass ihnen das nachwachsende und abwechslungsreiche biologische Naturangebot besser gefiel.

Auch ein anderer, »todsicherer« Tipp führte uns, als wir ihn überprüften, zu einer überraschenden Erkenntnis. Man sagte uns, Pastinaken seien der absolute Renner in Schweinekreisen. Na gut, also her damit! Auf einer Fläche von tausend Quadratmetern bauten wir mehr oder weniger in Monokultur Pastinaken an, die auch hervorragend gediehen. Als wir die Elektro-Absperrung beseitigten und die Schweine Zutritt zu den vermeintlichen Delikatessen hatten, zeigten sie sich nur mäßig bis gar nicht interessiert. Das änderte sich auch nicht, als wir ihnen über zwei Vegetationsperioden die krautigen Pflanzen in verschiedenen Reifestadien anboten.

Günter Postler hat dafür eine Erklärung, die mir einleuchtet. Er fragte sich zuallererst, woher der Pastinaken-Tipp und etliche andere kamen – und die Antwort auf diese Frage erklärte einiges. In einer reizarmen Stallhaltung, in der die Tiere keine oder nur sehr begrenzte Möglichkeiten haben, die Außenwelt wahrzunehmen, sind Pastinaken sensationell und zudem eine Abwechselung im einförmigen Mast-Speiseplan. Unsere Draußen-Schweine dagegen leben in einer vielseitigen Landschaft, jeder Regenwurm, der sich kringelnd vor ihren Schnauzen davonwinden will, ist ein Stück Schweine-Lebensqualität.

Unsere Schweine waren noch für eine Reihe anderer Überraschungen gut. Beinwell zum Beispiel. Es ist allgemein bekannt, dass Schweine diese proteinreiche Heilpflanze schätzen. Eigentlich. Wir haben sie angebaut und stießen auf mäßigen Zuspruch seitens der Schweine. Weil wir nun zu viel Beinwell ausgesät hatten – es hieß ja, von diesem Grünzeug könnten sie nicht genug bekommen –, mähten wir die Fläche. Und plötzlich machten sich die Schweine über den angewelkten Beinwell her; offenbar hatte die Verrottung ihn schmackhafter gemacht. Vielleicht gibt es ja so etwas wie eine saugute Edelwelke, von der Menschen nichts ahnen?

Wir schauten genauer hin und bemerkten, dass verschiedene Pflanzen in verschiedenen Wachstumsstadien bevorzugt oder abgelehnt werden. Das angeblich allesfressende Schwein ist, wenn man es lässt, ein Von-Fall-zu-Fall-Fresser. Für ein intelligentes Wesen ist das eigentlich nicht verwunderlich. Jeder Salatfreund weiß: Jung schmeckt er gut, älter nur mäßig. Und jeder Grünkohl-Liebhaber erschmeckt es: Jung ist das klassische Wintergemüse der Norddeutschen ungenießbar, alt und frostgeknetet dagegen köstlich.

Und noch etwas fiel auf: Anbauflächen, die häufiger beackert und neu eingesät werden, wurden weniger intensiv durchwühlt. Vermutlich kann sich hier infolge der Störung kein so intensiv durchwurzelter und mit Bodenleben angereicherter Horizont ausbilden, wie ihn Schweine schätzen. Gewühlt wird vorzugsweise im Dauergrünland und unter den Obstbäumen, da wo es signifikant mehr fleischliches Bodenleben gibt als in anderen Bereichen. Ob das der alleinige Grund ist und wie sehr Schweine auch hier selektieren, ist noch unbekannt. Seltsamerweise hat ihnen noch niemand hinreichend genau und mit wissenschaftlicher Akribie auf die wühlenden Schnauzen geschaut ...

In die Futteranbauflächen lassen wir die Schweine natürlich erst dann, wenn der Aufwuchs eine bestimmte Größe erreicht hat, wenn eine bestimmte Masse an Futter zur Verfügung steht. Anfangs sah ich mit einer gewissen Besorgnis, wie viel niedergewalzt und -getrampelt wurde, aber der entsprechende Kommentar von Günter Postler traf die Sache recht gut: »Es geht ja nichts verloren. Das ist dann für die Regenwürmer.«

Die Regenwürmer! Sie sind sozusagen Teil unseres Gütesiegels und stehen für das dritte »w« in unserem www.Weideschwein-Logo (siehe dazu das Kapitel *Kosmos Schwein*). Auf unseren Flächen haben wir 60 bis 300 Würmer pro Quadratmeter gezählt. Eine normale Ackerfläche im konventionellen Landbau bringt es im Schnitt auf 16 jener Tiere, die besonders präzise die Bodenbeschaffenheit anzeigen. Besser – und regenwurmreicher –

Keine Chemie, keine schweren Landmaschinen – bis zu 300 Regenwürmer pro Quadratmeter sorgen für gute Bodenqualität.

ist nur der stark durchwurzelte Mischwaldboden, wo sich schon mal bis zu 600 Regenwürmer pro Quadratmeter versammeln können. Die jämmerlichen, sturm-, trockenheits- und käferanfälligen Fichtenforste (Anita Idel ist in ihrer Einleitung auch darauf eingegangen), die immer noch als Hervorbringungen »ordnungsgemäßer« Forstwirtschaft gelten, sind hingegen regenwurmarm.

Regenwurmzählen ist keineswegs wissenschaftliche Beschäftigungstherapie oder Strafarbeit für Studenten der Bodenkunde. Wenn davon die Rede ist, was ökologische Landbewirtschaftung im Allgemeinen und symbiotische Landwirtschaft im Besonderen an Erträgen bringen, sollte eine versteckte Wohltat nicht verschwiegen werden: Ein aufgelockerter Ackerboden mit vielen Regenwurmgängen kann deutlich mehr Regen schlucken und zwischenspeichern als ein von schweren Maschinen zusammengedrückter, humusarmer und von zu viel Agrochemie verödeter Boden. Dieser Unterschied ist spätestens dann spürbar, wenn nach Starkregen oder Schneefällen Wassermassen in Bäche und Flüsse schießen und Siedlungsland überfluten – Wassermassen, die eigentlich auf den Feldern und Wiesen versickern sollten, es aber nur unzureichend können, weil die Böden verschlämmt, verpresst und versiegelt werden. Immer noch.

Eine weitere Wohltat guter Böden, deren mangelnde Wertschätzung im krassen Widerspruch zu ihrer immensen Bedeutung steht, soll nicht unerwähnt bleiben: In den typischen »Regenwurmböden« ist die Humusanreicherung besonders hoch. Humusanreicherung (siehe auch hier die Darlegungen von Anita Idel in ihrer Einleitung) bedeutet CO_2-Einlagerung, also etwas, das klimatisch betrachtet hochrelevant ist. Die moderne, von Agrochemie abhängige Landwirtschaft sorgt hingegen dafür, dass Humus abgebaut und in der Konsequenz CO_2 in die Atmosphäre freigesetzt wird – weltweit Milliarden Tonnen. Sepp Braun, ein befreundeter Landwirt und erfahrener Fachberater, sagte uns, dass bei einem landwirtschaftlichen Betrieb mittlerer Größe Tausende Tonnen CO_2 entweder eingespeichert oder in die Luft geblasen werden – je nach Wirtschaftsweise.

Ein gesunder Boden kann gesund erhalten. Die Schweine haben es uns bewiesen, unsere Schweine, die fast keine Tierarztkosten verursachen. Einige Parasiten und Krankheitskeime, die unseren Schweinen durchaus zusetzen können, müssen zur Fortpflanzung ein oder mehrere Stadien im Boden durchleben. (Das ist übrigens ein Grund, weshalb moderne Schweinehalter so sehr auf Beton setzen – um den Preis, dass sie Schweinen das Leben zur Hölle machen.) Ein gesunder Boden steckt jedoch voller »Kleinst-Raubtiere«, die sich über andere Lebewesen hermachen, auch über Parasiten. Es ist daher praktisch ausgeschlossen, dass die Schädlinge sich massenvermehren, weil ein belebter Boden voller Jäger steckt, die sie zur Strecke bringen, ehe sie zur Plage werden können.

»Entscheidend ist, was hinten herauskommt« – Schafe sind ebenfalls
Teil der symbiotischen Landwirtschaft.

Eine andere Wohltat leisten die dort herumlaufenden Hühner
und Gänse (siehe dazu auch das Kapitel *Symbiotisch – mehr als
nur biologisch*), die Schweineparasiten in ihrem Magen-Darm-
trakt vermutlich eliminieren können. Die Gefahr, dass Geflügel
seinerseits andere Krankheiten verbreiten kann, ist gering, da in
den Wintermonaten keine Gefiederten auf unseren Flächen unterwegs sind; etwaige Schadzyklen sind also unterbrochen. Und
wir wissen, dass Winterfröste die Fläche nicht unerheblich na-
tur-desinfizieren. Im Sommer werden die Geflügelstallungen
(die sich unmittelbar über denen der Schweine befinden) zwischen zwei »Besatzperioden« mit einem Dampfstrahlgebläse gesäubert. Scharfe Essenzen, die unweigerlich in den Boden ein-
sickern würden, verbieten sich von selbst, wenn man mit der
Erde pfleglich umgehen will.

Mein wissenschaftlicher Gegenpart in der symbiotischen

Landwirtschaft, Dr. Günter Postler, führt, wenn es um unsere Bodenqualität und deren Garanten geht, auch immer entfernte Nachbarn unserer Weideschweine an – »entfernt« deshalb, weil wir sie nicht gemeinsam mit den Schweinen halten, sondern in einiger Entfernung auf jenen Koppeln, die gerade schweinefrei sind. Die Rede ist von unseren Shrop Shire Schafen. Wir haben uns für sie entschieden, weil wir bei ihnen so gut wie sicher sind, dass sie das nicht tun, wofür Schafe sonst gefürchtet sind: die Rinde von Obstbäumen zu schälen.

Die Pansenflora dieser Wiederkäuer sorgt für einen Qualitätsmist, der den Boden belebt und eine sehr wichtige Bereicherung zum Mist unserer »Monogastrier« (Lebewesen mit einem Verdauungstrakt, der dem menschlichen in etwa entspricht; in diesem Fall Schweine und Geflügel) darstellt. Der Nutzen unserer Schafe bemisst sich nicht in Wolle oder Lammfleisch; entscheidend ist – wir zitieren einen Altbundeskanzler –, »was hinten dabei herauskommt«.

Eine andere Symbiose hat sich ebenfalls bewährt, nämlich die von Schweinen und Rindern. Sie vertragen sich gut und ergänzen sich in besonderer Weise, ähnlich wie Schwein und Schaf. Das Schwein als Erdtier holt sich viel Lebensnotwendiges aus dem Boden, das Rind als Wiederkäuer frisst Gras sowie verholzte Pflanzen – die Schweine nicht mögen – und sorgt wie auch das Schaf für hervorragenden Qualitätsmist. Die Rinder müssen allerdings im Gegensatz zu den Schafen den Winter im Stall verbringen, sie würden sonst zu viel kaputt trampeln und fänden nicht mehr genügend zum Fressen.

Erde ist nicht der letzte Dreck

Ich musste ein alter Mann werden, ehe ich ansatzweise begriff, was Böden sind, was sie leisten und wie unmittelbar unser Schicksal an ihnen hängt. Ich wünschte, es würden mehr Menschen – jüngere, verantwortliche vor allem! – begreifen, worauf wir stehen, was lokal und global unser Menschenleben trägt: nämlich das Bodenleben.

Von Dr. Jean Charles Munch vom Münchener Institut für Bodenökologie habe ich gelernt, das Unbegreifliche zumindest annähernd zu erfassen – zu erahnen, würde es wohl richtiger beschreiben. Wir wissen, dass Böden unsere Nahrungsmittel hervorbringen. Weniger bekannt ist hingegen die Tatsache, dass Böden neben den Meeren die geochemischen Kreisläufe und das globale Gleichgewicht zwischen Atmosphäre und Biogeosphäre (den ökologischen Systemen der Kontinente) aufrechterhalten – etwa, indem sie Kohlenstoff mittel- und langfristig binden und Spurengase so wohldosiert »festhalten« und »abgeben«, dass es für das große Ganze bekömmlich ist. All das ist möglich, weil Böden etwas ebenso Eigenartiges wie Einmaliges sind – obwohl und weil sie so viele extreme Bedingungen (Witterung, Klima, Beanspruchung) auszuhalten vermögen.

Böden sind ein nicht zufällig entstandener Großorganismus, sie sind ein lebendes »Bauwerk«. Mineralische Partikel sind durch hochmolekulare Huminstoffe so verknüpft, dass eine lockere Struktur entsteht, wie ein Haus mit Mauern und Räumen, ausgestattet mit enormen Formenreichtum. Die Hohlräume, die Bodenporen, haben vielfältige Größen und Formen. Die großen Poren erlauben die lebenswichtige Zirkulation von Luft und

Wasser, die kleinen Poren speichern das Lebenselixier Wasser über lange Zeit. Diese Räume sind dicht belebt, vor allem durch Kleinstlebewesen. Mikroorganismen und Bakterien, Protozoen und kleine Insekten wimmeln und wuseln durcheinander. Quer durch die Poren bewegen sich größere Tiere. Regenwürmer zum Beispiel. Sie sorgen für das Einbringen von Nahrung, für das Durchmischen der Bodenelemente und graben »Kamine«, die Luft und Wasser führen. Pflanzenwurzeln wachsen durch diese Struktur hindurch und nehmen die Nährstoffe auf.

Dieses lebendige Bauwerk ist sehr stabil (allerdings nicht statisch-stabil, sondern flexibel-stabil), sonst könnte der Boden kein dauerhafter Lebensraum sein. Frost oder Trockenheit können intaktem Bodenleben nichts antun.

Der fruchtbare Boden ist der am dichtesten besiedelte Naturraum überhaupt. So ist eine Handvoll Wiesen- oder Ackerboden von weitaus mehr Lebewesen bewohnt als es Menschen auf der Erde gibt. Ein Gramm Boden zählt viele Millionen Mikroorganismen in einer Vielfalt von Zehntausenden oder gar Hunderttausenden von Arten. Dieser Reichtum ist kein Luxus. Er ist notwendig, um die Lebensfunktionen unter allen noch so schwierigen Gegebenheiten zu gewährleisten.

Dieser Reichtum wird auch trotz Nahrungsmangel, der über die meiste Zeit des Jahres vorherrscht, und trotz der Veränderungen im Laufe der Jahreszeiten erhalten. Nahrung sind Pflanzenabfallstoffe oder Leichen von vielfältigen Bodentieren. Ist die Nahrung verbraucht, »verzichtet« der Boden vorübergehend auf solche Organismen, die er für seine Lebensfunktionen zeitweise entbehren kann. Und er reaktiviert diese Organismen, sobald sie zur Erhaltung des Gesamtsystems wieder benötigt werden. Bis heute haben wir Menschen kaum Wissen darüber, wie diese Kommunikation funktioniert, auf welche Weise Botschaften übermittelt werden.

Wenn der Boden quasi geflutet ist, kommen die Bodenlebewesen zum Zug, die sich ohne Sauerstoff wohl fühlen. Wenn es empfindlich kalt ist, »arbeiten« diejenigen, die Kälte ertragen; und immer, wenn es nötig ist, werden diejenigen aktiv, die Pflanzenwurzeln beim Wachsen unterstützen. Das geschieht besonders im wärmenden Frühjahr.

Dieses Leben in seiner hochkomplexen Vielfalt ist geordnet. Auch Bakterien sind über chemische Stoffe im Dialog. Sie geben einander Signale, um sich den Lebensraum optimal zu teilen. Sie leisten manches in Kooperation, so beispielsweise den Abbau von Giftstoffen, die über Luft und Regen oder als Pflanzenschutzmittel in die Böden gelangen. Aber sie konkurrieren auch um den Lebensraum.

Viele Millionen Lebewesen in einem Gramm Boden! Darin stecken genug genetische Informationen für alle Gegebenheiten. Informationen für spezielle Leistungen, wenn Pflanzenwurzeln Nährstoffe benötigen und auf Mikroorganismen angewiesen sind, die aus anorganischen Resten Nährstoffe aufbereiten; Informationen für spezielle Leistungen, wenn der Boden Huminstoffe als »Zement« für die Festigung des Lebensraums benötigt; oder Informationen für spezielle Leistungen, wenn toxische Stoffe abgebaut werden müssen. Der Boden ist so gestaltet und belebt, dass seine unzähligen Lebewesen in ihm leben und überdauern, auch wenn sie gerade nicht aktiv sein können. Dieses »Vermögen« des Bodens zur Steuerung unvorstellbar komplexer Vorgänge ist ein unermesslicher Schatz. Ihn zu erhalten ist eine Grundbedingung, eine *conditio sine qua non* im Sinne eines Grundrechts, ohne die in letzter Konsequenz menschliches Leben nicht fortdauern kann. Dies ist umso wichtiger, als Boden eine endliche Ressource ist. Die Bildung von Boden aus Mineralien dauert Jahrtausende. Landwirtschaft – wohlgemerkt Landwirtschaft, nicht die verbreitete Land*miss*wirtschaft – kann diesen Prozess allerdings beschleunigen und unterstützen.

So weit mein Versuch, mithilfe eines ausgewiesenen Experten für Bodenleben, Dr. Jean Charles Munch, Licht ins unterirdische

Dunkel zu bringen. Nun aber zurück zum Leben auf der Grasnarbe und zu dem, was sich auf ihr Hoffnungsvolles abspielt.

»Spielen« trifft es hier auch im Wortsinne, denn entspannte, glückliche, zufriedene Schweine sind verspielt, prüfen mit ihren sensiblen Rüsseln Dinge, die sie nicht kennen, aber für kennenswert halten. Ihre Lernfähigkeit machten wir uns zunutze, als es – noch in der Anfangsphase unseres Experimentes – galt, ein Problem zu lösen. Nur mit Elektrozäunen hatten wir die Chance, schnell und ohne allzu viel Aufwand das Gesamtareal variabel einzuteilen – je nachdem, wo die Schweine gerade sein oder nicht sein sollten. Aber Schweine reagieren anders auf Elektrozäune als Rinder und Pferde. Während diese zurückzucken, wenn sie ein kleiner Schlag trifft, suchen Schweine mit rasanter Aus-dem-Stand-Beschleunigung die Flucht nach vorn – besonders dann, wenn sie der Schlag auf der sensiblen Schnauzenscheibe erwischt. Höchst unpassend, wenn es gilt, das dahinter Liegende vor ihnen abzusichern. Unsere Schweine müssen folglich, bevor sie als Neuzugänge die Lücken schließen, die der Metzger aufgetan hat, eine Lerneinheit »Elektrozaun« absolvieren.

Und die geht so: In unserer kleinen Feldscheune gibt es eine Bucht, in der die Neuankömmlinge, von vier Holzwänden umschlossen, ihre ersten zwei Tage bei uns verbringen. Vor einem kleinen Abschnitt der hölzernen Umfriedung verläuft ein Elektrozaun; wenn die Jungschweine sich hier einen Stromschlag einfangen, verhindert die Holzwand dahinter die Flucht nach vorn. Die Tiere lernen sehr schnell, die richtige – oder sagen wir: die von uns erwünschte – Fluchtrichtung einzuschlagen: nämlich rückwärts. Und die Lektion sitzt für ihre ganze verbleibende Freilauf-Lebenszeit; meist bleiben sie dem Zaun auf Sicherheitsabstand fern, wenn sie ihn aber dennoch berühren, springen sie nun seitwärts oder rückwärts.

Der Elektrozaun ist also für Neuankömmlinge – meist sind es vier bis fünf, die zur leicht ausgedünnten Rotte dazustoßen – kein Problem mehr, wenn für sie die große Freiheit beginnt. Das Problem sind die anderen, die Kernrotte, die ihre Ränge innerhalb der Gesamtgruppe verteidigen. Sie lassen die Neuen vorerst nicht in die Übernachtungshütte. Das ist ihre Hütte! Also müssen wir Schweinehirten den Neuen für ihren Einstieg übergangsweise eine Alternativhütte stellen. Aber die Gruppenordnung ist nicht starr; wenn sich Hinzugekommene und Alteingesessene bei allfälligen Rangeleien ausweichen können, ist das Geschubse nicht der Rede wert; und schon nach wenigen Tagen liegt man Bauch an Bauch, Backe an Backe im »Haupthaus«.

Von unseren Schlafställen, eigens für die symbiotische Landwirtschaft entwickelt, spreche ich nicht ohne Stolz: Diese Herbergen kommen meinem Ideal sehr nahe, dass das Zweckmäßige *einfach schön* – einfach und schön – sein kann. Aber bevor ich Sie zu einer kleinen Schweinehausführung bitte, erst ein paar grundsätzliche Bemerkungen: Auch Schweine, die sommers wie winters von früh bis spät draußen sein dürfen, brauchen einen Stall. Aber keine klimaneutralisierte Herberge, in der man Sturm, Kälte und Niederschläge abwettern kann – unsere Herrmannsdorfer Prachtschweine haben ihre eigenen Maßstäbe, was Sauwetter ist und was nicht –, sondern einfach einen trockenen Schlafplatz, eine Schlafhöhle, in der man sich Bauch an Bauch, Rücken an Rücken zusammenschieben kann, wenn es dunkel wird. Wer ihnen dabei zuschaut, kommt schnell darauf, dass diese Schlafkommunen nicht nur dem Gebot rationaler Wärme- und Platznutzung folgen – das scheint mir eher ein günstiger Nebeneffekt zu sein. Nein, was man sieht ist Komfortverhalten, erfülltes Mit(schw)einander, angenehme Nähe – ein Lebensgefühl, das sich in drangvoller Enge und auf Spaltenböden so niemals einstellen kann.

Der Stall in unserer Freilauf-Weidelandschaft kann nicht einfach ein Stall im herkömmlichen Sinne sein; die Schweine sind – dirigiert von unseren Zuweisungen und begrenzt von einem System beweglicher Elektrozäune – mal hier und mal dort. Es wäre ein Riesenaufwand, sie aus immer neuen Richtungen

Die mobilen Schweineställe lassen sich schnell auf eine neue Weide bewegen.

abends in einen festen Stall zu treiben. Sicherlich, in den alten Zeiten gab es Schweinehirten, die genau das taten, die unter anderem dafür zuständig waren, waldweidende Schweine abends wieder in die Umfriedungen eines Hofes zu treiben und die Stalltür hinter ihnen zu schließen. Aber das war eine Zeit, in der Schweinehirten Hungerlöhne bekamen oder gar nur für Kost und Logis arbeiten mussten.

Wir achten und pflegen in Herrmannsdorf alte, ländliche Traditionen und Fähigkeiten, aber natürlich nicht um den Preis, unwirtschaftlich, unsozial und unzweckmäßig zu agieren. Mir war schnell klar, dass wir bewegliche Ställe brauchten, die den Schweinen auf die Koppeln folgen können, auf denen sie sich gerade aufhalten sollten. Ist eine Koppel abgefressen, locken wir die Schweine, beispielsweise mit etwas altem Brot, auf eine neue; die Leichtbauställe folgen ihnen, man braucht dazu ver-

Hühner und Schweine teilen sich nicht nur den Weideacker, sondern auch den Stall.

gleichsweise wenig Motorkraft. Ein Kleintraktor reicht, um die Ställe auf ihren Kufen ein Stück weiter zu ziehen.

Ich hatte in England in der dortigen Freilandhaltung Blech- und Betonhütten angetroffen – England gebührt der Ruhm, mit seiner verbreiteten Offenland-Schweinehaltung insgesamt »tierfreundlicher« dazustehen als fast alle schweinefleischproduzierenden Nationen. Aber die Verschläge waren so scheußlich anzusehen, dass sie sicher auch das ästhetische Empfinden eines Schweins beleidigen mussten. Abgesehen davon waren sie auch nicht besonders zweckmäßig. Aber manchmal ist ein halbgutes Beispiel genau so hilfreich wie ein Gutes; jedenfalls halfen mir die Bilder von der Insel, die mir im Kopf geblieben waren, in Herrmannsdorf auf andere Wege. Unsere Hütten müssen aus Holz sein, beschloss ich, und trotzdem leicht, um gute Beweglichkeit zu ermöglichen. Außerdem wusste ich ja, dass der Untergrund, auf dem die Schweine liegen, in der Schweinehaltung seit jeher ein heikler Punkt ist.

Was mögen Schweine? Das war also meine Leitfrage. Ich hatte oft gesehen, wie sich Schweine an heißen Sommertagen auf kühler, beschatteter Erde ausstreckten und an kalten Tagen auf dicken Strohballen schliefen. Was heißt das? Für uns hieß es, dass unsere Ställe keinen Boden brauchen. Erde im Sommer und ein Strohbett im Winter sind optimal. Das hatte zugleich den Vorteil, dass die mobilen Hütten nicht ausgemistet werden müssen. Übrigens: Schweine, die man nicht in durchrationalisierter Enge zwingt, in ihr Schlafzimmer zu scheißen, halten es auch sauber!

Wenn die Hütte weitergezogen wird, grubbern (schonende Bodenlockerung ohne Schollenwendung wie beim Pflügen) wir anschließend; damit ist das Stroh im Boden verteilt. Die Hütte steht auf zwei stabilen Kufen, auf denen ein schlichtes Dach aus Holzbrettern ruht. Die Giebel haben auf der einen Seite eine große Einlauföffnung und auf der anderen eine Klappe; so können wir an heißen Tagen querlüften. Weitere Details und Zeichnungen zu unserem »Wanderzirkus« (dieser Name bürgerte sich schnell ein) finden Sie im Kapitel *Symbiotische Landwirtschaft – so wird es gemacht.*

Wichtiger als diverse bauliche Details ist aber etwas anderes: Der Schlafraum muss stets trocken sein.

Dringt Feuchtigkeit ein, erkälten sich die Tiere und es kommt zu diversen Folgekrankheiten. Wir haben hier aus Fehlern – zum Glück mussten es keine fatalen Fehler sein – gelernt: Während einer langen Regenperiode im Sommer reichte das geringe Bodengefälle vor dem Hüttenstall aus, um den Schweinen viel Ungemach zu bereiten. Das kann uns heute nicht mehr passieren, denn ehe es noch einmal so weit kommen konnte, schafften wir durch einen simplen, flachen Umfriedungsgraben Abhilfe.

Im Winter ist es wichtig, dass ein schweinefreundliches Mikroklima entsteht. Günter Postler war viel mit dem Thermometer unterwegs: Er hat systematisch gemessen und Protokoll geführt: Noch bei winterlichen minus fünf Grad reichte die »Körperheizung« der Schweine locker aus, um im Schlafgemach eine Temperatur von über zehn Grad zu halten. Erkältungen infolge von Schnee und Dauerfrost gab es in den vier Wintern, die unser »Experiment« schon währt, nie.

Kosmos Schwein

Experiment? Ja, Experiment! Wir waren – als wir erste Gedanken zur symbiotischen Landwirtschaft und seiner Zentralfigur, dem Schwein, zu diskutieren begannen – aufs Heftigste verblüfft, wie wenig wir über ein Tier wissen, das schon vermutlich (die Wissenschaft streitet noch) ab 7000 vor Christus an unserer Seite lebt.

Der in Südafrika geborene Biologe Lyall Watson, Autor des schönsten und spannendsten Buches, das in letzter Zeit über *The Whole Hog* – so der Titel – geschrieben wurde, nennt einen einleuchtenden Grund für unser mageres Schweinewissen: Dieses Nutztier hat es uns sehr leicht gemacht, sein Leben neben unserem zu organisieren. Wir brauchten uns daher um seine Besonderheiten, seine Eigenheiten kaum Gedanken zu machen. Das Schwein lieferte vieles gebrauchsfertig an.

Schweine waren und sind schon von ihrer natürlichen Veranlagung her zur Gruppenhaltung tauglich. Wilde Schweine, die Ahnherren und -frauen heutiger Nutzschweine, leben hochsozial in Gruppen (Rotten). Im Englischen heißt Rotte »sounder« (»to sound«: erklingen, schallen, tönen), ein passender Hinweise auf die vielen »Stimmfühlungslaute«, mit denen Schweine ihre Gruppenstruktur aufrechterhalten.

Einer wilden Rotten-Familie steht eine respektable Muttersau vor, die sich mit minimalistischen Gesten Respekt verschaffen kann. Meist reicht ein kräftiger Grunzer und eine schupsende Kopfbewegung, um Unbotmäßige zurechtzuweisen. Junge männliche Schweine verlassen die Gruppe – freiwillig oder mit Anschubser durch die Rottenchefin –, um sogenannte Satellitengruppen (Halbstarken-Trupps) zu bilden. Die stärksten innerhalb

Schweine eignen sich bestens zur Gruppenhaltung – ihre wilden Artgenossen führen es uns immer noch vor Augen.

eines solchen Verbandes wagen es irgendwann, wenn die Hauptsau einer Weiberrotte rauschig, also zur Paarung bereit ist, den etablierten alten Befruchter herauszufordern und zu beerben.

Harte Auseinandersetzungen ersparen sich Schweine jedoch schon deshalb, weil sie in aller Regel nicht ausgeprägt territorial sind. Wo es sich gut leben lässt, da bleiben sie, aber nur so lange, wie das Gebiet tauglich ist und genug abwirft. Bei unserer symbiotischen Landwirtschaft kommt uns diese Veranlagung zugute: Wenn wir unsere beweglichen Ställe auf eine neue Sektion ziehen, hat die Rotte keine Probleme mit dem Ortswechsel. Probleme bekommen sie, wenn ihre vier natürlichen Grundbedürfnisse nicht erfüllt sind.

Da wäre zum ersten ihr Schlaf- und Ruhebedürfnis. Schweine sind geborene Schläfer. Die Hälfte eines 24-Stunden-Tag-und-Nacht-Zyklus verbringen sie in der Horizontalen, davon die

Schweine verbringen zwölf Stunden am Tag dösend oder schlafend –
und lassen sich dabei auch von ihren Mitbewohnern nicht stören.

Hälfte im Tiefschlaf. Ich habe mir oft den Spaß gemacht, den
Schläfern zuzuschauen. Nicht selten bekam ich das zu sehen,
was Schlafforscher bei Menschen den »Rapid-Eye-Movement-
Schlaf« nennen, ein Kennzeichen für Traumphasen. Die andere
Hälfte ist eine Art Halbschlummer, wie man ihn auch von Katzen
und Hunden kennt. Bei diesem »Dösen« sind Gehör (und wohl
auch die Hochleistungsnase) nicht abgeschaltet; bei etwaigen
Störungen oder Gefahren ist die Rotte auf einen Schlag hell-
wach. Schweine schlafen außerdem gern zusammengekuschelt.
Für uns wirkt das anrührend, für die Schweine hat es den Vorteil
rationaler Nutzung der Körperwärme in kühlem Umfeld: Wo
der Nebenmann wärmend angrenzt, kann die Kälte nicht an-
greifen. Die Schweine gleichen damit einen Nachteil aus: Ihre
Anatomie lässt es nicht zu, sich (wärmesparend) wie ein Fuchs
oder eine Katze einzurollen. Da hilft die Gruppenheizung.

Das zweite schweinische Grundbedürfnis sind »Kratz- und Scheuerpunkte«. Ihr kurzer muskulöser Hals ist kaum biegsam, mit der Schnauze reichen sie fast nirgendwo hin, wo es juckt oder zwickt. Schweine behelfen sich mit gegenseitiger Körperpflege. Aber die scheint mir nur da ausreichend und zufriedenstellend möglich zu sein, wo das schweinische Lebensumfeld stimmt. Und zur Stimmigkeit gehören, dritter Punkt, separate Toiletten. Jeder, der sich auch nur ein wenig mit Freilaufschweinen beschäftigt hat, weiß, dass sie ihre Latrinen nach Möglichkeit vom Schlafbereich separieren. Und selbst in Stallhaltungen, die dafür genügend Platz bieten, trennen Schweine Bett und Abtritt – so weit das dort möglich ist. Auch wenn wir in puncto Schwein noch immer viel zu wenig wissen – wir wissen genug, um zu ahnen, was wir Schweinen antun, wenn sie ihre Toiletten nicht selbst separat einrichten können, ja wenn sie über ihren Toiletten auf Spaltenböden gar schlafen müssen.

Noch übler spielen wir ihnen mit, wenn man ihnen auch das Wühlen verwehrt – das vierte Grundbedürfnis. Das Normalschwein, das in einem halben Jahr zur Schlachtreife gemästet wird, darf nur Fertigfuttermischung aus dem Trog schlabbern. Das kann man, wenn man die tief im Schwein verankerte Wühl-Veranlagung bedenkt, nur als Tierquälerei bezeichnen. Wühlen ist wichtig. Schweine stehen mit ihrer Riechfähigkeit auch den höchst verfeinerten Hundenasen in nichts nach. Die sensationellen Geruchsexplosionen, die sich ereignen, wenn sie die Schnauze in die Erde drücken, gehören – dessen bin ich mir sicher – zum arteigenen Schweineglück. Ich habe mit Staunen gelernt: Schweine sind Erdtiere. Sie leben – zumindest in einem wesentlichen Teil – in und von der Erde. Und Schweine, die ihre Gesichtsmuskeln, die weitgehend für kräftige Kaubewegungen ausgelegt sind, nicht bewegen dürfen, sind verdammt arme Schweine. Ich stelle mir Elefantenhaltung vor, die verhindert, dass die Dickhäuter ihre Rüssel benutzen dürfen. So etwa muss man sich das Wühlverbot für Schweine in seiner Konsequenz wohl vorstellen.

Mit der Schnauze im Boden wühlen zu können ist ein Grundbedürfnis für jedes Schwein.

Die Tiere, die in unserer symbiotischen Landwirtschaft die letzten drei bis fünf Monate ihres Lebens (Endmast) verbringen, wühlen auf Weiden und genießen dabei fette Regenwürmer – die Tiere, die wie keine anderen gute Bodenqualität anzeigen. Diese drei »W« (Weide, wühlen, Würmer) haben wir uns schützen lassen: www.Weideschwein-Qualität.

Es gibt neben diesen vier Punkten, deren Erfüllung unabdingbar zur zumutbaren Schweinehaltung gehört, aber noch etwas: Schweine sind intelligent. Lyall Watson schreibt (eigene Übersetzung):

»Ich weiß von keinem anderen Tier, das ausdauernder neugierig wäre und darauf aus, mehr aus neuen Erfahrungen zu machen, und keines das bereiter wäre, der Welt mit offenmäuligem Enthusiasmus zu begegnen. Schweine sind rettungslos optimistisch, und allein ihr Dasein gibt ihnen den gewissen Kick.«

Und Winston Churchill wird diese Sentenz zugeschrieben:

»Katzen schauen auf dich herab, Hunde zu dir auf, Schweine schauen dich von gleich zu gleich an.«

Was macht man mit diesem Schweine-Naturell? Man unterdrückt es oder notbefriedigt es mit etwas aufgehängtem Spielzeug: Plastikkanistern, rostigen Ketten. Jämmerlich!

Inzwischen sind auch Lernleistungen von Schweinen bekannt und erforscht, die sich nicht unmittelbar aus ererbtem Verhaltensinventar ableiten lassen. Schweine haben sich etwa als stöbernde und fährtenlesende »Jagdhunde« bewiesen; es gibt »Schäfer-Schweine«, die auf Kommando Schafe zusammentreiben; und die Drogen-Aufspür- sowie die Trüffel-Schnüffelschweine haben große Fernsehpräsenz. Alles in allem aber gilt Schweinedressur als schwierig: Die Tiere sind zu intelligent und haben nicht das hundetypische Bestreben, uns gefallen zu wollen. Zähe Wiederholungen, die nun mal zum Training gehören, beleidigen ihre Intelligenz und Neugier.

Aber auch in einer anderen Hinsicht erkennen wir uns, wenn wir genauer hinschauen, im Schwein wieder. Ein Befund, der im Wortsinne unter die Haut geht. Schon der berühmte Renaissance-Arzt Paracelsus (1493 bis 1541) erkannte – und als er es aussprach, wurde er fast vom Protestgeschrei seiner Mitmenschen zu Boden gefegt! –, dass »die Komposition eines Schweins der menschlichen ähnlich« ist. Daran zweifelt heute keiner mehr. Und die erste Herztransplantation wäre wohl nicht gewagt worden, wenn nicht Christiaan Barnard – noch in den Fünfzigerjahren des vergangenen Jahrhunderts – an Schweineherzen hätte üben können. Seine Modellwahl, Schweine statt Affen, hatte allerdings auch mit der leichteren Verfügbarkeit der borstentragenden »Versuchskaninchen« zu tun.

Schweine teilen mit uns nicht nur ihr Innerstes, sondern auch die Vorliebe für Süßes sowie für Alkoholisches. Diese Alkohol-

Zugewandtheit der Schweine gab Futter für eine »Schweine-Domestikationstheorie«, die vielleicht etwas zu originell und auf die Pointe abgezielt klingt, um rumdum überzeugend zu sein. Sei es drum, mit Blick auf das Speiselokal, das in Herrmannsdorf den schönen Namen »Schweinsbräu« trägt (wegen des hervorragenden Bieres, das dort gebraut und ausgeschenkt wird), möchte ich der Frage kurz nachgehen, was Bier mit der »Verhausschweinung« des Wildschweins zu tun hat. Auch hier folge ich der Darstellung von Lyall Watson.

Archäologen, die dort nach Antworten graben, wo es in Ermangelung schriftlicher Aufzeichnungen keine anderen Quellen gibt, fanden in frühsteinzeitlichen Siedlungen zwar primitive Mahlsteine, aber keine Spuren von Öfen, die nötig gewesen wären, um Brot zu backen. Nun können offenbar nicht nur Funde, sondern auch Dinge, die eigentlich da sein *müssten,* es aber nicht sind, Anthropologen zur Hypothesenbildung inspirieren: Was also heißt es, wenn man Mahlsteine, aber keine Backvorrichtungen findet? Warum – wenn nicht zum Backen – wurde Getreide gemahlen? Was hat man mit der Quetsch-Substanz gemacht?

Vielleicht das, sagt Watson, was wir auch heute noch damit anstellen: »Es zu Malz werden und dann zu Alkohol fermentieren zu lassen.« Wir wissen, dass auch in den vorschriftlichen Kulturen Räusche als sehr erstrebenswert galten; im Rausch konnte man seine Erdenschwere überwinden und sich dem Göttlichen näher fühlen. Der gelegentliche Rausch war der notwendige Ausnahmezustand, um ein unvorstellbar hartes Leben ertragen zu können.

Und die Wildscheine weit und breit werden sich von den »Bier«-Rückständen angezogen gefühlt haben. Das wäre immerhin eine Erklärung, warum sie sich vor ein paar Jahrtausenden in die Nähe menschlicher Behausungen begeben haben – eine überzeugendere Erklärung zumindest, als die allgemein übliche: Nahrungsdiebstahl. Bei jungsteinzeitlichen Menschenhorden gab es nämlich kaum etwas zu stehlen, was Schweinen behagt hätte. Experten, die ich zu ihrer Meinung nach dieser Schweine-Domestikationstheorie befragte, sagen mir sinngemäß, man könne diese Theorie »durchwinken«, solange man sie nicht als die einzig denkbare ausgibt. Keineswegs minder plausibel als die »Bier-Hypothese« sei die »Küsten-Schweine-Domestikations-Theorie«: die Verfütterung von Meeresfruchtresten in Küstennähe an wilde Schweinerotten, die sich dank dieses Angebotes peu à peu an die Menschen gewöhnt haben.

Folgt man, wohlgemerkt mit ein wenig kritischer Reserve, dieser Spur des Bieres, dann wäre vergorener Körnersaft – nichts anderes als das war das archaische Bier – *der* Stoff gewesen, der die Selbst-Domestikation des Schweins eingeleitet oder zumindest begünstigt hat. Wildschweine blieben da, wo es das gute Zeug gab, wurden verträglich und irgendwann folgten sie den Menschen sogar freiwillig in die Umzäunungen. Die domestizierten – oder sagen wir: die durch Gewöhnung an menschliche Nähe »an-domestizierten« – Schweine ließen sich irgendwann auch hüten, der Wald bot ihnen besonders in den Mastmonaten reichlich zu fressen und die Nahrungsbeschaffung ging mit Erfüllung eines Grundbedürfnisses der Schweine einher: wühlen.

Und noch etwas erwies sich als günstig: Schweine sind anderen Kreaturen gegenüber verträglich. Vermutlich kannten und vertrugen sich Huhn und Schwein schon eine geraume Weile, ehe man ihnen spezielle, getrennte Daseinsbereiche zuwies.

Noch eine abschließende Bemerkung zur Historie der Lebensgemeinschaft von Mensch und Schwein. Anita Idel bezieht sich in ihrer Dissertation über Tierschutzaspekte bei der Nutzung von Haustieren und Arbeitstieren (siehe Anhang) auf archäologische Zeugnisse – in diesem Fall Hausschweineknochen – aus verschiedenen Kulturen und Epochen: Hausschweine waren demnach durch die Jahrtausende allenfalls mittelgroße, vermutlich magere und wohl meistens mangelernährte Gestalten. Das fette, wuchtige, massige Schwein ist eine sehr neuzeitliche

Erscheinung. Schweine mussten die meiste Zeit ihrer Haustier-existenz von dem leben, was Menschen wegwarfen; von Mast im heutigen Sinne war kaum je die Rede. Und die Turbomast unserer Tage wäre einem Bauern des 15. Jahrhunderts so hexerisch vorgekommen wie ein New Holland-Supertraktor oder ein Mähdrescher.

Symbiotisch – mehr als nur biologisch

Die Hühner. Ich will hier nicht den Fehler machen, den wir aus schlechten Filmen kennen: wichtige Darsteller nur *beiläufig* einzuführen. Die Hühner waren schließlich diejenigen, die unserem Langzeitexperiment den Namen gaben: »symbiotische Landwirtschaft«. Das symbiotische Miteinander (Schwein nützt Huhn, Huhn nützt Schwein) gehört zu dem, was alte Landwirte wohl noch aus praktischer Anschauung gekannt haben. In der üblichen Tierhaltung dieser Tage gilt eine wie auch immer geartete Nähe von Borsten- und Federvieh jedoch als Unding. Und die ersten fachlichen Antworten auf meine Frage, ob oder wie sich denn Schweine- und Hühnerhaltung zu beidseitigem Nutzen kombinieren ließen, waren entsprechend: »Schweisfurth, das kannst Du vergessen. Das geht nicht. Die Schweine werden in kürzester Zeit die Hühner gefressen haben.«

Schon fast ermutigend klangen dagegen die Antworten von Haustierethologen, also von Wissenschaftlern, die das Verhalten von Haustieren erforschen. Nein, sagte man mir, das Miteinander von Schwarten- und Federvieh sei nie erforscht worden. Man wisse das nicht. Das hörte sich schon anders an als: »Das geht nicht.«

Wir hatten keine Ahnung, welche Hühnerzüchtungen sich für eine gute Nachbarschaft mit Schweinen am ehesten eignen. Schließlich hat die Tierzuchtindustrie – getrennt für den Eiermarkt und für die Fleischproduktion – das genetische Spektrum so weitgehend und brutal verarmt, dass man in wirtschaftlich ausreichender Stückzahl nur noch Hybridhühner bekommt. Von meiner Vorstellung, die Nachbarschaft von Schwein und Huhn mit robusten Arten zu erproben, musste ich aber nicht abrücken, weil die für unsere Größenordnungen notwendigen Stückzahlen noch in Liebhaber- und Arterhaltungszuchten zu finden sind. Etwas unsicher war ich natürlich doch. Gegen das Kopfschütteln – teils verneinend, teils zweifelnd – der Profis konnte ich ja nur meine Idee setzen, meine Vision, eine Tierhaltungspraxis zu erproben, die mir verantwortlich und machbar erschien.

Ich holte also meine Schweine zusammen und hielt ihnen eine kleine Rede:»Meine lieben Schweine. Ihr habt ein wunderbares Leben, ihr kriegt die besten Sachen zu fressen und genießt eure Freiheit. Ihr habt so viel Luft und Bewegung wie kein armes Stallschwein. Morgen kommen hundert Küken. Ich erkläre euch jetzt nicht, was Küken sind, ihr werdet es schon selbst merken. Ihr seid für diese Küken verantwortlich. Ihr passt bitte gefälligst auf, dass weder Fuchs noch Marder sich hier blicken lassen. Den Gefallen seid ihr mir bitte schön schuldig.«

Die Schweine antworteten in der Art, in der sie immer kommunizieren, aber für mich klang es wie gegrunztes Einverständnis. Zumal ich in dieser Phase durchaus Bedarf an Ermutigung hatte.

Dieses Ergebnis darf ich vorwegnehmen: Das vierbeinige Problem vieler freilaufender Hühner, Fuchs und Marder, gab und gibt es in unserer symbiotischen Tierhaltung nicht. Es scheint so zu sein, dass die klassischen »Hühnerdiebe« sich nicht an ihre Beute herantrauen, wenn große Beschützer in der Nähe sind.

Günter Postler hatte die naheliegende Idee, dass sich Vierbeiner und Federvieh gut vertragen werden, wenn man ihnen die Möglichkeit gibt, sich über einen gewissen Zeitraum kennenzulernen, soll heißen: sich riechen, sehen und hören zu können. Uns war also klar, dass wir das Hühnerexperiment nicht Knall auf Fall von null auf hundert hochfahren konnten. Beide Arten sollten die Chance haben, sich aneinander zu gewöhnen. Wir quartierten die Küken ins Dachgeschoss über den Schweinen ein: Zu diesem Zweck hatten wir den beweglichen Stall entsprechend ausgebaut. Kurz gesagt, es wurde ein Hühnerboden über dem Schweineschlafsaal eingezogen. Die Junghühner hatten in dieser ersten Eingewöhnzeit zwar keinen Freigang, aber reichlich Gelegenheit, sich an die großen Tiere in nächster Nähe zu gewöhnen, an ihr Grunzen und Schnauben, an ihre Körperlichkeit. Und nach zwei Wochen – die Küken waren mittlerweile schon zu ganz ansehnlicher Größe herangewachsen – ließen wir die Hühner ins Freie.

Es war ein verregneter Junitag – und wenn die Experten recht behalten sollten, würde es der letzte Tag im Leben des einen oder anderen Huhnes sein. Aber es gab nicht die Spur von dramatischen Ereignissen. Die Schweine warfen nicht einmal die Köpfe auf, wenn ihnen ein Huhn auf Hühnerhalslänge vor der Schnauze vorbeihüpfte. Und die Junghühner verhielten sich, als wäre ihnen die Ahnung, dass Schweine gute Nachbarn sind, ins Ei gelegt worden. Besser noch: Die Hühner lernten in Windeseile, dass es sich lohnt, Nachlese zu halten, wo Schweine den Boden aufgebrochen haben – und die Schweine ließen es geschehen.

Eigentlich, noch so eine Buchweisheit, entfernen sich Hühner nicht ohne Not wesentlich weiter als dreißig, vierzig Meter von ihrem Stall, jedenfalls gilt das für die fast industriemäßige Freilandhaltung. Wenn sie indes – befreit von der drangvollen Enge, die das Schicksal von Normalhühnern ist – Sandbadestellen suchen oder Futter, Wasser und Schatten, dann gilt diese »Regel« offenbar nicht. Unsere zogen mit den Schweinen deutlich weitere Kreise, als man ihnen gemeinhin zutraut.

Ich will nichts verniedlichen oder Haustieren allzu menschliche Regungen unterstellen: Aber diese Hühner fühlten sich offensichtlich von Schweinen beschützt. Und sie »revanchierten« sich: Wenn die Schweine schliefen oder wohlig in der Sonne dösten, setzten sich Hühner auf ihre breiten Rücken und fingen an zu picken. Eine solche Detailbeobachtung, sozusagen ein Sichtbeweis für gelungenes Zusammenleben, gelang mir erst-

Mit unserem Experiment widerlegten wir alle Skeptiker: Hühner und Schweine verstanden und ergänzten sich bestens.

mals an einem heißen Augusttag, als ich sah, wie ein Huhn einem Schwein eine fette Bremse vom Halsansatz wegpickte. Inzwischen habe ich dergleichen hundertfach beobachten können. So etwas hatte ich bis dato nur durchs Fernglas in einem großen afrikanischen Nationalpark beobachtet: Vögel, die Kaffernbüffeln und Flusspferden Insektenlarven und Würmer aus den Hautfalten pickten und deshalb den bildreichen Namen »Madenhacker« angehängt bekamen. Die Gegenleistung für die Wellness-Dienstleistung: Man hat beobachtet, dass Luftfeinde, also Greifvögel, sich scheuen, die Vögel auf dem Rücken dieser großen Tiere anzugreifen.

Wir haben, fasziniert von den unerwarteten Bildern in unserer Schweinewelt, genauer hingeschaut: Kein Zweifel, unsere Hühner befreien unsere Schweine von Hautparasiten. Eigentlich entstand der Name »symbiotische Landwirtschaft« erst beim Anblick dieser Szenen, die man kaum fotografieren kann, ohne sich dem Verdacht auszusetzen, man hätte moderne Computertechnologie eingesetzt, um ein Tier-Kitschbild zusammenzubasteln. Huhn und Schwein näherten sich aber nicht total an; es blieb eine jeweilige Art-Eigenheit, die wohl auch damit zu tun hat, dass Schweine – anders als Hühner – zu den intelligentesten Nicht-Menschen gehören. Sie bemerkten es sofort, wenn wir ihren Stall ein paar hundert Meter verzogen hatten, und nahmen ihn am neuen Ort ohne jede Umstände wieder in Besitz. Anders die Hühner: Sie versammelten sich zur Schlafenszeit wieder an der Stelle, wo die Hütte vorher gestanden hatte, und machten – so muss es wohl gewesen sein – ein improvisiertes Nachtlager auf. Eines, das für etliche von ihnen das letzte war: Ein Fuchs hielt blutige Ernte. Natürlich war es unser Fehler, wir hatten unsere Sorgfaltspflicht verletzt und versehentlich die Hühner ohne ihre Beschützer gelassen. Das geschah nie wieder. Beim nächsten Umzug nötigten wir die Hühner mit ausgestreuten Leckereien freundlich, den Ortswechsel mit zu vollziehen. Es gab nie wieder Fuchskalamitäten.

Aber es gab andere. Unter Habichten musste es sich in Windeseile herumgesprochen haben, dass in Herrmannsdorf freilaufende Hühner im Angebot sind. Und, anders als Marder und Fuchs, ließen sie sich durch Schweine nicht davon abhalten zuzupacken. Zumal ihnen unsere Hecken ideale Verstecke und Startpunkte boten für ihre typische Ansitz- und Sprintjagd. Habichte stoßen nicht aus großer Höhe herab, sie sind Lauer- und Überfalljäger, die von ihrer phantastischen Fähigkeit, aus dem Stand zu beschleunigen, leben.

Wenn man unmittelbar Betroffener ist und erlebt, warum der Habicht auch Hühnerhabicht heißt, tut man sich schwer mit den allgemeinen Tröstungen, die da lauten: Ein Greif ist ein legitimes Glied in der großen Nahrungskette der Natur; er tut nur das, was er tun muss, um zu überleben. Das weiß man, das wusste ich. Gut und schön, aber diese hochtrainierten Jäger waren drauf und dran, unsere wissenschaftlich-praktischen Experimente zu beenden. Die Situation schien ausweglos. Zumal sich alles in mir dagegen sträubte, weite Teile des Areals mit Maschendraht nach oben abzusichern. Von der ästhetischen Katastrophe einmal abgesehen: Wir wollten ja keinerlei Käfighaltung, nicht einmal große Käfige.

Unsere Hoffnung, dass starke Hähne oder Truthähne Habichte auf Distanz halten – davon hatte mir ein Bauer erzählt –, erfüllte sich nicht ganz, auch wenn ich immerhin einen gewissen Effekt festzustellen glaubte. Die Schnellflieger ließen sich auch durch das durchdringende Geschrei von Perlhühnern nicht ausreichend abschrecken. Es zeigte sich aber stattdessen, dass Füchse durchaus Truthähne und -hennen (jene, die meinten, auf den Schweineschutz verzichten zu können) von Fall zu Fall erbeuten können – Vögel, die eigentlich wegen ihrer Größe nicht ins Beutespektrum der Rotröcke passen. Einen Tatort mit drei stark angefressenen Hähnen fanden wir im Buchweizen. Die Füchse hatten es offenbar verstanden, die plumpen Vögel ins Gestrüpp zu scheuchen, wo sie keine Verteidigungschance mehr hatten.

Was tun?

Rettung brachte die Technik. In einem Katalog für Jagdzubehör fand ich den Hinweis auf einen Apparat, der Adler- und Uhuschreie nachahmt. Das sind beides Vögel, die einem Habicht gefährlich werden können. Ich schaffte das Gerät sofort an, und alsbald tönten markige Rufe über unserem Areal. Nicht zu häufig, denn die Habichte würden sich sonst vermutlich zu schnell an die Irritation gewöhnen, aber oft genug, um ihnen diese Futterstelle zu verleiden. Seit wir elektronischen Adler- und Uhuschutz haben, verringern sich unsere Ausfälle durch Habichtschlag deutlich. Ganz auf null zu bringen werden sie nicht sein.

Unsere Gänse sind bisher weder fuchs- noch habichtgefährdet, obwohl sie, anders als die Hühner, ganz gern Respektsabstand von den Schweinen halten. Aber auch das nicht immer. Eines Tages – und danach immer häufiger – konnte ich Begegnungen von Schweinen und Gänsen beobachten, die mir immer noch Rätsel aufgeben und auch all jenen, denen ich davon berichtete. Wie soll man das verstehen, wenn drei bis vier Gänse sich ohne erkennbaren Grund aus ihrer Schar lösen und aufgeregt flügelschlagend auf zwei, drei weidende Schweine zu rennen und sie an Schwanz und Ohren picken? Und was bedeutet es, wenn sie – fast so, als wäre es eine Beschwichtigungsgeste – ihre langen Hälse über die Schweine biegen und in dieser seltsamen Stellung ausharren, bevor sie die Übung abbrechen und, nun in mäßiger Eile, zu ihren Artgenossen zurückkehren?

Ich weiß übrigens gar nicht so genau, ob ich dieses Rätsel gelöst bekommen möchte. Ist die Faszination von Tierkommunikation nicht auch deshalb eine so besondere, weil sich Tiere Dinge mitteilen können, die nicht von unserer Welt sind? Wir müssen nicht alle Wunder sezieren.

Ich nehme mir Zeit und Muße, um die Tiere aus unserem symbiotischen Wanderzirkus zu betrachten, stundenweise einfach nur zweckfrei zu staunen und zu genießen. Und wenn mir einer beim Genießen zuschaut – etwa einer der rund hunderttausend Besucher, die sich Jahr für Jahr in Herrmannsdorf umschauen – und sagt, diese Szenen seien wie Bilder aus dem Paradies, dann widerspreche ich nicht. Es stimmt ja: Diese Tiere haben es unvergleichlich viel besser als fast alle anderen, sogar besser als Nutztiere, die nach den inzwischen etablierten Richtlinien der ökologischen Landwirtschaft gehalten werden.

Aber natürlich hat auch dieses Paradies seine Schlange. Die bin ich.

Ich bin der Metzger. Ich oder einer meiner Mitarbeiter werden die Schweine und Masthühner, Gänse und Lämmer eines Tages abholen, um sie zu töten. Das passt nicht zum Paradies, wo angeblich das Schaf beim Löwen lag, der vermutlich noch einen Pansen hatte und vegetarisch lebte. Unser Paradies hier draußen, wenige Fahrminuten von Münchens östlicher Stadtgrenze entfernt, ist kalkuliert. Es gäbe dieses Vier-Hektar-Paradies

Auch die Gänse und Schweine in Herrmannsdorf haben keine Scheu voreinander.

nicht, wenn dahinter nicht (auch) meine Vision stünde, dass sich das Lebensmittel Fleisch noch verbessern lässt. Besser als Massenware aus Supermärkten sowieso – das ist kein Kunststück. Aber auch noch über den hohen Standard hinaus, den Fleisch, Würste, Schinken und Pasteten erreicht haben, die unter dem Gütesiegel »Bio-Fleisch« in die Bioladen- und Lebensmittelregale kommen.

Wenn es stimmt, dass sich die Qualität eines Schweine-, Hühner- oder Rinderlebens ganz unmittelbar und zwingend der Qualität ihres Fleisches mitteilt, wenn das so stimmt, dann muss doch ein *gutes* oder sogar *sehr gutes* Leben noch bessere Fleischqualität zeitigen können. Diese simple Logik hatte ich im Gepäck, als ich mich zu dem Abenteuer »symbiotische Landwirtschaft« aufmachte. Kurz gesagt: Ziel war es, etwas Gutes zu verbessern.

Wenn dies ein Hintergedanke ist – denn natürlich schulden wir der Kreatur auch um ihrer selbst willen eine anständige Behandlung –, dann muss ich mich dazu bekennen. Ja, Nutztierhaltung ist Aneignung von Tierleben. Es kann wohl kaum darum gehen, diese Aneignung völlig abzuschaffen, sondern vielmehr darum, sie so gut erträglich wie nur irgend möglich zu gestalten. Auch darum geht es uns bei der »Symbiotischen«. Ich habe diesen Anspruch für mich einmal in dem Satz zusammengefasst: Der Metzger muss ein guter Hirte sein.

»Es gibt ein Leben vor dem Tod«, singt ein zeitgenössischer Liedermacher. Ich denke, diese Feststellung mit Aufforderungscharakter sollte nicht auf Homo sapiens eingegrenzt werden; um das Nutztierleben vor dem Tod, seine Bedingungen, seine Ansprüche an uns, mache ich mir seit vielen Jahren Gedanken. Davon später mehr.

Vielleicht hat der liebe Gott ja einen Fehler gemacht, als er den Grünzeugfressern die Fleischfresser hinzugesellte. Vielleicht ...

Ich denke aber eher: Er hat nicht! Jeder Biologe im zweiten Semester weiß, dass die Artenvielfalt auf diesem Globus nie entstanden wäre, wenn der Energiefluss nur von Pflanze auf Tier gerichtet gewesen wäre und nicht auch von Tier auf Tier. Lebendiger Organismus tötet lebendigen Organismus.

Lasst uns vom Tod reden!

Vom Leben und Töten

Eines Tages fragte mich, während ich auf eine Portion Sauerbraten wartete, John, ein anderer Freund:»Was empfindest du, wenn du ein Tier tötest? Was erlebst du dabei?«

Die Frage traf mich nicht ganz unvorbereitet, ich hatte oft über das Töten von Tieren nachgedacht, das bringt mein Metzgerberuf natürlich mit sich. Und John ist niemand, der mich einfach nur provozieren will, nach dem Motto: Sag, was du willst, ich hau dir deine Antwort um die Ohren, weil ich die richtige Antwort kenne und deshalb jede deiner Antworten pulverisieren werde.

»Erlaubst du, dass ich etwas aushole, John?«, entgegnete ich. John nickte, aber sein hintersinniges Lächeln gab mir zu verstehen, dass er auf der Hut sein und es mir nicht durchgehen lassen würde, seine Frage im philosophischen Bogen zu umlaufen.

»Nach allem, was ich weiß und gelernt habe«, begann ich, »ist es ein Urgesetz des Lebens, dass wir Leben nehmen und töten, um zu leben. Das eine lebt vom anderen. Kein Löwe ohne Gnu, kein Fuchs ohne Maus, kein Fliegenschnäpper ohne Fliege.«

John forcierte sein Lächeln, es wurde einen Tick härter und die Ironie verdünnte sich etwas:»Aha, du willst auf das Naturgesetzliche hinaus, richtig? Ein prächtiger Fluchtweg! Der Mensch ist Teil der Natur. Die Natur lebt vom Töten. Also vollzieht der tieretötende Mensch nur das Naturgesetz. Darauf willst du hinaus?«

»Nein, ich will nicht darauf *hinaus,* John, ich will erst einmal klarstellen, wo wir *herkommen.* Wir kommen aus der großen Tiergruppe der Omnivoren. Der Allesfresser. Zur Menschwerdung des Noch-nicht-Menschen gehört, dass er Jäger und Sammler war, und es gibt Anthropologen, die sagen, nur mit Sammeln, also ohne das Jagen, hätte es mit der Menschwerdung vermutlich nicht geklappt.«

John nickte, schwenkte ein Salatblatt im Dressing und sagte, bevor er es aufgabelte:»Ich verstehe, weil wir Omnivoren sind, ist die Sache mit dem Töten, dem Schlachten, in Ordnung?«

»Ganz und gar nicht. Wir müssen über das *Vorher*, über das *Wie* und vor allem über das *Wieviel* sprechen. Wie haben die Tiere, die wir essen, gelebt, was haben sie gefressen, wie werden sie getötet? Und dann noch eine Frage, die über die Überlebensfähigkeit auch der Menschheit entscheidet: Wie viele Schlachttiere erträgt der Planet?«

Ich sah, wie sich John kräftig an dem hervorragenden, knackfrischen Salat bediente, und konnte es mir nicht verkneifen, einen kleinen Stachel auszufahren:»Du verleibst Dir gerade ein Stück getöteter Pflanze ein. Es sind doch nicht nur Spinner, die sagen, Pflanzen sind differenzierte Lebewesen. Wissenschaftler sagen uns, dass Pflanzen sogar miteinander kommunizieren können.«

John sah verdutzt auf, und ich fuhr, einmal in Schwung gekommen, fort:»Und die Dame da drüben am Tisch gleich am Eingang, die isst gerade diesen wunderbaren Sanddorn-Sahnejoghurt. Schön vegetarisch. Aber die Milch dazu wurde einem Kalb weggenommen. Und (ich beugte mich zurück, um unter den Tisch schauen zu können) diese wunderbaren leichten Schuhe, die du trägst, John, die sind aus Leder, vermutlich Rindsleder. Die Haut dafür ist das Rind nicht ohne Gewalteinwirkung losgeworden. Ich sage das nicht, um witzig zu sein. Ich sage das nur, weil ich mich frage, wie konsequent müssten wir sein, wenn wir konsequent sein wollen. Und können wir überhaupt leben, ohne die Tiere zu nutzen?«

John tat so, als hätte ihn meine Anspielung auf das tote Salatblatt tief erschreckt, und er schob mit gespieltem Entsetzen den gemischten Salat zur Seite, tupfte sich die Lippen und sagte: »Eigentlich hatte ich dich ja gefragt, wie du persönlich mit dem Töten fertig wirst, was es mit dir macht.«

»Immer noch viel. Ich habe schon viele Tiere geschlachtet, und es berührt und bewegt mich immer noch.«

»Aber du schlachtest nur dann und wann selber, eigenhändig. Wenn du am Fließband schlachten müsstest, Tag für Tag, würdest du es sicher nicht durchstehen, wenn es dich jedes Mal anfasst ...«

»Ja, dem Mann, der im Akkord betäubt oder dem betäubten Schwein zum Ausbluten in die Schlagader sticht, dem hilft wohl nur noch das Verdrängen. Auch das industriell durchrationalisierte Schlachten dürfte nur so stattfinden, dass es für Schlachttiere so stress- und schmerzarm wie nur irgend möglich geschieht. Unsere Schlachthäuser sind oft immer noch Orte übler Barbarei.«

John sagte, während ich mich anschickte zu erklären, was ich mit Barbarei meinte: »Karl Ludwig, lass uns nicht über das Gemetzel in den Schlachthäusern sprechen, ich glaube, ich weiß das – wenn vielleicht auch nicht in allen schauerlichen Details; sag mir lieber, was an eurer Art des Schweinetötens hier in Herrmannsdorf ... mir fehlt jetzt ein Adjektiv ... soll ich sagen *humaner* ist als üblicherweise?«

Ich überlegte ein paar Sekunden, ob oder wie ich das Wort »human« mit Blick aufs Schlachthaus richtig beziehen könnte, entschloss mich dann aber zu einer praktischen Antwort: »Da wären die sehr kurzen Wege von dem Ort, an dem die Tiere gelebt haben, bis zu dem Ort, wo sie getötet werden. Dann geht ›ihr Mensch‹ – also der Hirte, wenn man so will – mit ihnen die letzten Meter, redet mit ihnen, sie hören die vertraute Stimme.

Da, wo die Tiere betäubt werden, darf es keine lauten Geräusche geben, kein Klappern von Metall, kein Zischen von Pressluft, keine Rufe. Die Tiere sind äußerst lärmempfindlich, unbekannte Geräusche erschrecken sie. Und ganz wichtig: Bei uns ist der Raum, in dem zum Beispiel die Rinder getötet werden – das heißt der Raum, in dem sie betäubt ausbluten – getrennt vom dem Raum, in dem sie betäubt werden. Ich habe in unserem Schlachthaus noch kein einziges Mal dieses Panik-Quieken gehört, diese Notschreie. Also ganz wichtig: kein Stress! Was übrigens auch der Fleischqualität zugutekommt, die Ausschüttungen von Stresshormonen kurz vor dem Tod teilt sich in sehr negativer Weise dem Lebensmittel mit, das wir – um zu leben – verspeisen wollen. Und dann muss derjenige, der die entscheidende Betäubung der Schweine mit einer Elektrozange hinter den Ohren setzt, sehr sicher und schnell sein. Er muss die Zeit haben, sich auf jedes Tier zu konzentrieren.«

John schaute mich mit diesem listigen, leicht aufwärts gerichteten Blick an, der für mich immer wortlose Ermahnung ist, gedanklich so exakt und präzise wie möglich zu bleiben, und er sagte:»Lässt du mich zuschauen?«

»Ja, ich lasse dich zuschauen.«

John reagierte nicht sogleich; erst nach einer längeren Pause sagte er:»Vielleicht traust du mir mehr zu, als ich mir selbst zutrauen sollte? Du weißt ja, Töten ist ...«

»Schlachten ist Töten«, fiel ich ihm ins Wort,»ein intelligentes Wesen, das mir gerade noch seine Fähigkeit zum Glücklichsein – ja, zum schweinemäßigen Glücklichsein! – gezeigt hat, wird vom Leben zum Lebensmittel befördert. Aber das Entscheidende, und wenn du so willst, das einzige, das mich legitimiert, diesem Wesen gewaltsam das Leben zu nehmen, ist, dass es ein Leben vor dem Tod hatte. Ein richtig gutes Schweineleben. Das bestmögliche. Immer noch ein kurzes, aber unsere Schweine in der symbiotischen Landwirtschaft werden mit etwa zwölf Monaten immerhin fast doppelt alt wie die aus der konventionellen Intensivhaltung.«

Ich hatte nicht das Gefühl, John restlos überzeugt zu haben. Aber das wäre auch verwunderlich gewesen, zumal ich mich ja selbst immer noch in nicht endenden Zweifeln befinde. Es bleibt dieses Schwer-zu-Ertragende, das ein Eskimo-Schamane einmal so ausgedrückt hat: »Es ist die Tragik des Lebens, dass die Nahrung des Menschen aus lauter getöteten Seelen besteht.«

Das sagte ich auch John, und der nickte Zustimmung: »Seelen – eine Tragik, die wir verdrängen, richtig?« Und noch während er das sagte, liebäugelte er mit dem Sanddorn-Joghurt. Für mich hingegen war das Dessert keine Versuchung. Nach einem sehr guten Stück Schweinefleisch brauche und möchte ich nichts mehr.

Schweinerei mit Schweinen

Mein Freund John hat mein Angebot, eine Schlachtung in unserem Herrmannsdorfer Schlachthaus zu begleiten (siehe dazu das Kapitel *Ein Schlachtfest und ein Plan*), dann doch nicht angenommen. Terminprobleme. Terminprobleme? Ich bin nicht in ihn gedrungen, habe seine Begründung nicht in Frage gestellt, obwohl ich den Verdacht hege, dass ihn nicht graue Alltagsterminründe zurückhielten, sondern eher eine Art ... Grauen.

Das fasst auch mich an. Immer noch. Und manchmal verbirgt sich das Grauen hinter Zahlen. Ich lese in der faktenreichen, analytisch genauen Dissertation *Recht, Mensch und Tier* von Nicole Gerick: »Im Mai des Jahres 2000 wurden in Deutschland 25,7 Millionen Schweine gehalten. [Die Zahlen für 2009: 27 Millionen in Deutschland und 191 Millionen in Europa.] Allerdings müssen über eine Million dieser Tiere ungenutzt entsorgt werden, weil sie – gewöhnt an die schlechten Haltungsbedingungen in den halbdunklen Ställen – einen Herzinfarkt erliegen, wenn sie am Schlachttag zum ersten Mal ans Licht kommen.«

Wie bitte? Können wir uns diese Menge an Wegwerf-Schweinen überhaupt vorstellen?

Versuchen wir es! Ein Schwein ist, wenn es hierzulande unters Messer kommt, rund eineinhalb Meter lang. Schwein an Schwein, Schnauze an Ringelschwanz hintereinander aufgereiht, ergäbe sich eine Kette von mehr als 1500 Kilometern Länge. Das entspricht der Entfernung (Luftlinie) zwischen München und Helsinki. Eine Kadaverkette vom Alpenvorland durch fast ganz Bayern, durch das östliche Deutschland und das westliche Polen, und dann noch Zweidrittel der gesamten Süd-Nord-Ausdehnung der Ostsee, entlang der baltischen Küste, bis nach Finnland. Oder zwei Flugstunden im Passagierflugzeug, Reisegeschwindigkeit um die 800 Stundenkilometer; und am Boden sieht man ununterbrochen Schwein an Schwein, an Schwein, an Schwein ... Man könnte versucht sein zu sagen, dass diese eine Million Herzinfarkt-Tote das bessere Los erwischt hat. »Besser« gemessen an dem der anderen Schweine, die Stunden in Todesangst durchstehen müssen, in ratternden, stinkenden Viehlastern (Schweine haben schließlich einen hochsensiblen Geruchssinn). Den »Herzinfarkt-Ausschuss-Schweinen« bleibt der finale Schock erspart, wenn unter Eile und meist in lärmerfüllten Hallen die allerletzten Meter zurückgelegt werden müssen, eingeschüchtert von einer bedrohlichen Architektur aus Stahl und Beton, bedrängt von anderen Todgeweihten und von Menschen, die im Akkord töten müssen.

Ich will nicht behaupten, es habe sich überhaupt nichts zugunsten der Schweine geändert in den letzten Jahren. Die Standards zur ökologischen Tierhaltung regelt eine EU-Verordnung (die deutschen ökologischen Anbauverbände fordern noch einiges mehr als die EU); und außerdem sind weitere Verbesserungen in Aussicht gestellt. So sollen beispielsweise Übergangsregelungen, die Haltung und Fütterung betreffen, durch Neufestlegungen ersetzt werden. Ferner müssen trächtige Sauen schon jetzt laut Schweinehaltungshygieneverordnung für einen Zeitraum, der vier Wochen nach dem Decken beginnt und einige Tage vor Geburt ihrer Ferkel endet, in Gruppen untergebracht werden. Außerdem müssen Schweine dauernden Zugang zu Beschäftigungsmaterial haben, damit sie sich nicht aus lauter Langeweile und quälender Monotonie gegenseitig die Schwänze abbeißen. (In der Realität wird dieser Bestimmung oft mit läppischen, aufgehängten Plastikflaschen oder baumelnden Ketten Schein-Genüge getan.) Schweine, so eine weitere Bestimmung, müssen trocken liegen. Und ihr Futter soll genügend Rohfaseranteile haben, damit das arttypische Kaubedürfnis gestillt wird.

Das immerhin ist verbrieftes Recht für Schweine. Aber Experten sagen mir, dass selbst von diesen Regelungen nur bitter wenige Tiere profitieren. Das ist traurig, vor allem wenn man bedenkt, dass man es mit komplexen, sozialen, intelligenten Tieren zu tun hat. (Meines Wissens ist die Behauptung in fachlichen Kreisen unwidersprochen, dass ein durchschnittliches Schwein der Intelligenz eines Hundes in nichts nachsteht.) Die EU-Vorschriften, wenn sie denn überhaupt befolgt werden, reichen allenfalls aus, um tierquälerische Schweinehaltung ein wenig abzupuffern, ihr ein wenig an Brutalität zu nehmen. Sie reichen keineswegs, um Schweinen ein artgerechtes Leben zu sichern, und schon dreimal nicht, um sicherzustellen, dass sie ihre Emotionen ausleben können.

Es ist qualvoll, aber unverzichtbar, sich ein Bild von der stinknormalen Schweinerei hierzulande zu machen. Wenn die turbogemästeten Schweine aus der Normalhaltung mit 110 bis 115 Kilogramm Lebendgewicht und nach 170 bis 180 Lebenstagen auf Spaltenböden ihren letzten Gang antreten, sind sie eigentlich noch Teenager. Sie haben eine Mastkur hinter sich, die scharf kalkuliert ist; und *wirtschaftlich* ist die übliche Turbomast offenbar nur noch, wenn die Tiere zum Teil mehr als ein Kilo pro Tag zulegen.

In Deutschland wurden im Jahr 2009 rund 56 Millionen Schweine geschlachtet, in den nächsten Jahren könnte laut einigen Experten die Marke von 60 Millionen erreicht werden. Damit ist Deutschland Nettoexporteur von Schweinefleisch, denn insgesamt 50 Millionen Schweine gehen pro Jahr durch deutsche Magen-Darmtrakte. Wir produzieren also mehr Schweinefleisch, als wir verbrauchen. Allein im größten Schlachthof zwischen Flensburg und Alpenrand, in Rheda-Wiedenbrück (Tönnies), kommen fünf Millionen Schweine jährlich unters Messer, ein ununterbrochener Blutstrom.

In der brillant recherchierten TV-Dokumentation *Mehr wissen über: Schlachthöfe* (*Scobel* vom 11. Dezember 2008 auf 3sat;

dieser Dokumentation entstammen etliche der im Folgenden zitierten Zahlen und Daten) kommt ein Schichtleiter von Tönnies zu Wort; er sagt:»Wir brauchen nicht den klassischen Metzger, wir können angelernte Kräfte einsetzen.«Was diese Entprofessionalisierung im Endeffekt bedeutet, werde ich später auszuloten versuchen.

Die schiere Größe vieler Tötungsanlagen lässt uns erschaudern. Haben wir nicht erst in den Achtzigern den Satz »small is beautiful« von Ernst Friedrich Schumacher zum Credo erhoben? Jedweder Gigantismus ist von Übel, haben wir uns auf diverse bunte Fahnen geschrieben. Riesige, flurbereinigte Ackerflächen zum Beispiel sind »killing fields« für Wildtiere aller Art und für die Kleintiere, die die Bodenfruchtbarkeit ausmachen. Riesenhafte Gewerbegebiete, die quadratkilometerweit Boden vom Himmel abschneiden, bescheren uns Bodenversiegelung und deren üble Folgen, Überflutungen zum Beispiel.

Aber sind die Riesenschlachthöfe per se übler als die mittleren und kleinen? Gilt auch hier »small is beautiful«? Wahr ist, dass der Hygienestandard in Großschlachthöfen streng überwacht wird; wahr ist auch, dass hydraulisch betriebene Schieber die Tiere *vergleichsweise* schonend ihre letzten Meter treiben. Wahr ist auch, dass die Ruhezeiten angelieferter Tiere – elektronisch überwacht und ausgezählt – eingehalten werden. Auch in Großschlachthöfen weiß man inzwischen, dass Stress in den letzten Lebensstunden eines Schlachttieres die Fleischqualität mindert. Denn zu viele Stresshormone im Fleisch geschlachteter Tiere beeinflussen den Reifeprozess negativ. Das Fleisch »säuert« zu schnell ab, Zartheit und Geschmack leiden, die Wasserbindefähigkeit bei Kochschinken und erhitzten Würsten wird herabgesetzt. Das durch Stress und Angst ausgelöste Adrenalin essen wir mit – mit Auswirkungen auf unsere Gesundheit und unser Wohlbefinden, die wir nicht kennen.

Wo, wie in Rheda-Wiedenbrück, 4000 Schweine *gleichzeitig* in

Schweine werden bei der industriellen Schlachtung von Automaten zielgerichtet mit Strom betäubt.

einer Anlieferungshalle ihre allerletzte Frist verbringen, muss man bemüht sein, Exzesse zu verhindern – zum Beispiel, indem man die Tiere mit warmem Wasser bespritzt, um so zu unterbinden, dass totales »Ausflippen« und »Durchdrehen« die ganze Maschinerie lahmlegt.

Bis zu einem gewissen Grad darf man also – nach meiner Überzeugung – den Aussagen der Schlachthof-Großbetreiber glauben, der Tierschutz habe im Kommerz einen Verbündeten.

Kein warmblütiges Tier darf von Gesetzes wegen unbetäubt getötet werden. Schweine sterben wie alle Schlachttiere im betäubten Zustand durch Ausbluten, und zwar nach einem Stich in die Halsschlagader. Die in vielen Großschlachthöfen übliche Betäubungsart: Schweine werden in Gondeln gepfercht und in Kohlendioxid-Schächte abgesenkt. Wenn man in Schlachthöfen nachfragt, erfährt man, dass diese Betäubung akzeptabel, weil schmerzarm und folglich tierschutzkonform sei. Aber alles in mir schreit auf, wenn ich die Schreie der Schweine höre (in diesem Fall »nur« in der erschütternden 3sat-Dokumentation), die in ihren Boxen gegen den Erstickungstod kämpfen. Und das Entscheidende, so sagte mir ein Kenner der Materie, seien vor rund zwei Jahrzehnten bei Einführung der CO_2-Betäubung keineswegs tierethische Erwägungen gewesen. Es sei darum gegangen, menschliche Arbeitskraft einzusparen. Die Gondeln sind einfach schneller als eine automatische »Schweine-greif-und-Stromstoß-Betäubungsanlage«.

Vertreter der Tierschutzorganisation tierdach.de haben sich den Tort angetan, genauer hinzuschauen. Ich zitiere aus deren Protokollen: »Kaum ist die Gondel unten, recken die Schweine die Schnauzen hoch, schnappen nach Luft und scharren panisch mit den Pfoten, bis sie nach zehn, fünfzehn Sekunden zusammenbrechen und ins Koma fallen.« Ich weiß nicht, ob die von tierdach.de beschriebenen zehn bis fünfzehn Sekunden die allgemeine, schlachthofübliche Frist ist. Aber jede volle Sekunde Todesqual bis zur erlösenden Ohnmacht ist mir zu lang. Unter diesen Umständen ist Schweinefleischverzehr – ich ringe um eine angemessene Formulierung und finde sie nicht – ein unverantwortlicher Genuss.

In der eingangs zitierten 3sat-Dokumentation – ich kann sie nur nochmals ausdrücklich loben – sagt der Moderator Gert Scobel, er hätte sich vor Beginn der Sendung belehren lassen, dass die Tiere »nicht ver-, sondern begast« werden. Ob Schweine auf diese semantische Differenzierung Wert legen? Ob ihnen diese Unterscheidung tröstlich und lindernd ist? Verantwortlicher und sicherer scheint mir in jedem Fall die Betäubung per Stromstoß unter Sichtkontrolle zu sein; eine Elektrozange – in der Hand eines erfahrenen Mannes – schaltet das Bewusstsein innerhalb eines winzigen Sekundenbruchteils ab.

Allerdings kommt es in Schlachthöfen immer noch deprimierend oft zu Stresssituationen. Schweine werden immer wieder, nur unzureichend betäubt, am Hinterbein aufgehakt zum Ausblutungsstich transportiert. Und eine weitere Brutalität – wenn es um intelligente Tiere wie Schweine und Rinder geht (von Hühnern redet ja fast keiner in diesem Zusammenhang!) – ist wahrlich keine Bagatelle: Keinesfalls nur in Ausnahmefällen sehen und vor allem hören Tiere ihre Artgenossen sterben, müssen nicht selten ihre letzten Meter durch das Blut gerade getöteter Artgenossen waten. Eine Unmenschlichkeit, für die es keine mildernden Umstände gibt.

Wenn nun das Töten eines warmblütigen, intelligenten, sensiblen Tieres im Tierschutzgesetz durch den »vernünftigen Grund« (die Verwendung als Lebensmittel) legitimiert ist, dann kippt diese Legitimation meiner Meinung nach spätestens mit dem *verschärften* Leid, das entsteht, wenn soziale Tiere erleben müssen, was mit Ihresgleichen geschieht. Laut Expertenauskunft, die ich eingeholt habe, ist es immer noch die Ausnahme, wenn Rinder *nicht* die Tötung ihrer Vorgänger im Schlachthof mit ansehen müssen. Tortur, mindestens psychische, ist an der Tagesordnung. Und physische ist ebenfalls nicht ausgeschlossen. Rinder, die zuckend am Haken hängen, weil der Bolzenschuss vor die Stirn in der akkordbedingten Hektik falsch angesetzt wurde, sind wohl selten, aber eben leider auch nicht die krasse Ausnahme. Nicht genug damit: Wenn der Stich in die Halsschlagader nicht genau genug gesetzt wird und wenn folglich die Ausblutung nicht schnell genug vonstatten geht, besteht ebenfalls die Gefahr, dass ein Rinderleben unter Qual endet.

Unter welch aberwitzigem Zeitdruck Schweine in Großschlachtereien abgestochen werden, ist bekannt – wenn auch beileibe nicht allen Fleischliebhabern. Ich zitiere nochmals aus einer Reportage von tierdach.de: Der Mann, der den tödlichen Stich setzt, »steht breitbeinig auf erhöhtem Sims. Sein Schutzhelm ist weiß, die eigentlich auch weiße Gummischürze blutüberströmt, ebenso die Gummistiefel. Unter ihm befindet sich ein roter See. Mit der einen Hand hebt er die rechte Vorderpfote des [betäubten] Schweins leicht an, stößt dann im Zehnsekundentakt des Laufbandes sein Messer in die Halsschlagader –

sechsmal in der Minute, 360-mal pro Stunde, 3000-mal am Tag ... jährlich 600 000 Kehlstiche.« Das ist meiner Meinung nach einem fühlenden Menschen nicht zuzumuten. Das ist unmenschlich. Aber legal.

Nach neuerer EU-Gesetzgebung muss es in Schlachthöfen unabhängige Tierschutzbeauftragte geben, deren Aufgabe es auch ist, tierschützerische Normen zu überwachen. Aber kleine Schlachthöfe sollen von dieser wirtschaftlichen Belastung ausgenommen werden. Da ist sie wieder, die alte Ja-aber-Ausweichbewegung: Tiere haben Rechte – sofern und so weit unsere Interessen nicht eingeschränkt werden. Humanität nach Maßgabe der Wirtschaftlichkeit; Mord als Minimumfaktor.

Dieses Primat der Wirtschaftlichkeit gebiert Monster. Weil es den Großsortimentern gelungen ist, uns, die Kunden, mit dem Reflex pawlowscher Hunde nach Billigfleisch schnappen zu lassen (das Kotelett muss die Mallorcareise und den Neuwagen subventionieren!), werden wir bei diesem Wettrennen nach unten irgendwann selbst über den Haufen gerannt. Wir tolerieren die Taten und werden selbst zu Geschädigten, wenn nicht gar zu Opfern (Stichwort Lebensmittelskandale). Die Chronique scandaleuse ist quälend lang; und Sie, geduldige Leser dieses Kapitels, können sehr sicher sein, dass diese Chronik in diesem Moment, in dem Sie diese Zeilen lesen, gerade irgendwo auf der Welt fortgeschrieben wird. Das System ist von einem gnadenlosen Marktradikalismus gezeichnet, der Kampf um den tiefsten Preis macht es möglich. Anita Idel hat – mit der Autorität einer offiziellen UN-Studie – zu Beginn dieses Buches dargelegt, was die vorherrschende Tendenz zu Masse und Rationalisierung im Lebensmittelbereich anrichtet, was uns droht, wenn Ökologie, Klimaschutz, soziale Belange und Nachhaltigkeit bei der transglobalen Agrarplanung weiterhin keine Rolle spielen.

Ein kurzer Rückblick – nur in die jüngste Vergangenheit: Im Jahre 2005 schwenkten die Fernsehkameras in Tiefkühltruhen und zeigten uns altes, abgelaufenes Fleisch, dass auf »frisch«

umetikettiert worden war. Ein Jahr später wird in München tonnenweise Gammelfleisch entdeckt, um vier Jahre umdatiert. Die Verantwortlichen und die politischen Gesundheitswächter beknirschten sich öffentlich, und das war es. Ein weiteres Jahr später, 2007, abermals zwanzig Tonnen Gammelfleisch in Bayern. Im Jahr 2008 macht mit Dioxin verseuchtes Schweinefleisch aus Irland Schlagzeilen. Was passierte? Ein paar wutableitende Zerknirschungsrituale und fertig!

Die kriminelle Energie, die sich im Lebensmittelsektor vor allem beim Fleisch offenbart, kann sich so leicht entfalten, weil die Halbwertzeit unseres Erschreckens kurz ist. Nach den allfälligen Skandalen knicken die Absatzzahlen von Billig(st)fleisch kurz ein, um sich dann rasch wieder auf das alte Niveau einzupendeln. Etwas heftiger fallen unsere Reaktionen aus, wenn nicht nur unsere Ekel-Toleranzschwelle überschritten wird, sondern gleich noch eine Todesdrohung hinzukommt. Stichworte: BSE und Creutzfeld-Jakob-Krankheit.

Für beides – für die Verletzung von Hygienestandards (Gammelfleischskandale) und für die Bedrohung durch Krankheiten, die Tier und Mensch befallen können (Creutzfeld-Jakob-Krankheit, Schweinegrippe) – gilt in etwa das Gleiche: Den Akteuren fällt es immer noch verhältnismäßig leicht, Spuren zu verwischen. Etwa durch Fleisch- oder Lebendviehtransporte kreuz und quer durch Europa oder durch Etikettenschwindel, der wegen der vielen offenen Grenzen unbegrenzt bleibt. Es ist ein wenig wie bei der Wäsche von schmutzigem Geld: Wenn es eine ausreichende Zahl von Waschstationen passiert hat, ist es clean.

Es gibt für die Lebensmittelpanscher im Fleischsektor ein paar gut eingefahrene Wege, die wir unter der Rubrikbezeichnung »Schlachtabfälle« zusammenfassen können. Um sie zu verstehen, ein paar erklärende Hinweise: Seit dem 1. Mai 2003 gilt eine EU-Verordnung, die nicht für den menschlichen Verzehr bestimmte tierische Nebenprodukte in drei Kategorien unterteilt. Laut dieser Verordnung müssen bei Schlachtrindern das

Hirn und andere risikoreiche Teile des Tieres in Tierkörperbeseitigungsanstalten gebracht und verbrannt werden (Kategorie 1). Zur Kategorie 2 zählen etwa Magen- und Darminhalte, die von der Düngemittelindustrie abgenommen werden. Kategorie 3 schließlich ist von ungleich größerer wirtschaftlicher Bedeutung: Schlachtabfälle oder Innereien, die Menschen heute nicht mehr essen wollen, sowie Fleisch aus Packungen mit abgelaufenen Haltbarkeitsdaten dürfen beispielsweise an Hunde und Katzen verfüttert oder zu Tiermehl verarbeitet werden. Ein Fünftel bis ein Drittel eines Schlachttieres wird zu Schlachtabfall, von diesem Rest ist mit 80 Prozent Gesamtanteil die Kategorie 3 die größte. Die Organisation Foodwatch schätzt, dass jährlich in Europa fünf bis siebzehn Millionen Tonnen dieser Kategorie-3-Ware anfallen; eine Tonne bringt im Schnitt 160 Euro. Wir reden also von rund 2,7 Milliarden Euro.

In diesen Zahlen steckt Zündstoff, denn der Versuchung, Minderwertiges wieder für höherwertige Speisezwecke in den Verkehr zu bringen, erliegen immer noch viele. Besonders da, wo es kaum Überwachung gibt. In Malaysia, wo bekanntlich keine EU-Richtlinien gelten, landen Düngemittel aus Kategorie-2-Abfällen als Tierfutter in Mast-Geflügelfarmen und gelangen auf diesem Wege wieder auf unsere Teller: eingebaut in Hühnerfleisch.

Treibstoff für kriminelle Geschäfte sind oft die hohen Gewinnspannen. Eiweiß ist der Stoff der Wahl, wenn es um Turbomast geht; und Billig-Eiweiß aus Schlachtabfällen verspricht dementsprechend ein Bombengeschäft. Das Risiko aufzufliegen ist demgegenüber offenbar immer noch viel zu klein. Das wird wohl erst einmal so bleiben, zumal es immer noch nicht gelungen ist, das Machbare zum Schutz der Verbraucher durchzusetzen: Schlachtabfälle, bevor sie in den Handel gehen, einzufärben oder zu vergällen, also ungenießbar zu machen. So ließe sich verhindern, dass Ungenießbares und/oder Belastetes wieder – trickreich verkleidet – in die Lebensmittelregale gelangen kann.

Inzwischen wissen wir, dass sehr wahrscheinlich der Scrapie-Erreger, der dem BSE-Erreger verwandt ist, über Tiermehl aus Schafkadavern in Rinderfutter gemengt an Rinder verfüttert wurde und so die BSE-Katastrophe ausgelöst hat. Unvorstellbare Massen an Rindern wurden allein in Großbritannien »gekeult« und verbrannt. Das Verbrechen wider die Kreatürlichkeit – nichts anderes ist es, Pflanzenfresser wider ihre Natur zum Verzehr von tierischem Eiweiß zu zwingen – schlug auf den Futterpanscher zurück, auf den Menschen. Angst ging um: »Habe ich nicht gerade ein Rumpsteak gegessen, aus dem eine verdächtig rote Flüssigkeit austrat? Und – oh Gott! – wie war das noch gleich mit der Übertragbarkeit tödlicher Keime von Rind auf Mensch?«

Die offiziell verlautbarten Entwarnungen klangen verdächtig wie die »Entwarnungen«, die wir aus anderen Zusammenhängen kennen. Etwa dann, wenn aus einer nuklearen Anlage Strahlung austritt und – noch *bevor* irgendetwas über Menge, Zeitpunkt und Ursachen bekannt wird – verlautbart wird, Gefahr für Leib und Leben hätte zu keinem Zeitpunkt bestanden. Lebensmittel erschienen uns Menschen nach Tschernobyl und in den Tagen von BSE plötzlich als tödliche Gefahr: Pilze als Atompilze, qualmende Berge aus toten Rindern als Menetekel – da brennt *unser* Scheiterhaufen! Wir merken es nur noch nicht, weil wir ein Stückchen weiter oben stehen. Wer sich den Tort antut, die Berichte und Kommentare nachzulesen, die auf dem Höhepunkt der »Keulungsaktivitäten« veröffentlicht wurden, wird feststellen, dass sich das Mitleid mit der geschundenen Kreatur in engen Grenzen hielt; es ging um volkswirtschaftliche Verluste, um Ansteckungsgefahren für den Menschen und vielleicht noch um Gestankbelästigung im Umland.

Die allgemeine Hysterie machte es möglich, dass Rinder zu Zigtausenden per EU-Verordnung verbrannt wurden. Auf Verdacht. Die begleitende Marktbereinigung durch Kälbermord nennt man zynischerweise »Herodesprämie«, eine Wortschöpfung schon aus den neunziger Jahren. Das biblische Wort dafür ist Frevel.

Kleiner Rückfall –
in die Faszination der Perfektion

Bei der Kehrtwende in meinem Leben vor nunmehr über 25 Jahren habe ich, bildlich gesprochen, die Türe hinter mir zugemacht, habe den vorherigen Abschnitt meines Lebens beendet. So, wie man beim Lesen eines Buches ein Kapitel beendet und ein neues, spannendes beginnt. Seit ich 1984 aufgehört habe, selber Fleisch industriell herzustellen, habe ich nie wieder eine Fleischwarenfabrik von innen gesehen. Die im vorangegangenen Kapitel beschriebenen Entwicklungen und Zustände kenne ich, so wie sie jeder interessierte Zeitgenosse kennen kann – nein, kennen sollte: aus Berichten, Analysen, einschlägiger Literatur, aufrüttelnden Dokumentationen.

Und ich wollte auch nicht »zurück«; es interessierte mich nicht mehr, ich hatte und habe Neues, Interessantes zu tun. Die Herausforderungen – etwa in Herrmannsdorf ein ökologisch und ökonomisch tragfähiges Modell zu gestalten und eine Stiftung aufzubauen, die einen Teil der notwendigen Gedankenarbeit leisten kann – waren so groß und so spannend, dass gar keine Zeit blieb, zurückzuschauen.

Aber auch das ist wahr: Ich hatte durchaus auch gute Erinnerungen an meine Fabriken, die technisch auf der Höhe der Zeit waren und vielleicht ihrer Zeit sogar ein wenig voraus. Das jedenfalls haben mir verschiedene Zeitgenossen gesagt, die insbesondere die Aktion »Kunst geht in die Fabriken« (1980) inspirierend fanden. Die Ausgestaltung von Zweckgebäuden mit Kunstwerken geschah den dort arbeitenden Menschen zuliebe, die ja keine Automaten sind, keine verlängerten Werkbänke mit deprimierten Anhängseln in Menschengestalt. Das Schicksal der Schlachttiere ist mir erst später bewusst und seine Linderung zum dringenden Anliegen geworden.

Auch Fabriken, das war, das ist meine Überzeugung, sollten eine Einrichtung sein von Menschen für Menschen, und nicht eine Einrichtung von Automaten für gedankenlose und bequeme Konsumenten.

Nun bekam ich im Frühsommer 2009 die Gelegenheit, eine (auf alten Fundamenten) ganz neu gebaute Fleischwarenfabrik zu besichtigen, in der nach neuesten technischen Gesichtspunkten Tiere geschlachtet, zerlegt, verarbeitet und die Produkte verpackt werden. Mehreres hatte mich neugierig gemacht: Zum einen handelte es sich dabei um ein hoch angesehenes Unternehmen und eine bekannte Marke, zum anderen war es exakt die Firma, die mich als jungen Metzger auf der ersten Station meiner Wanderjahre stark beeindruckt hatte. Hier hatte ich sehr, sehr viel gutes, altes handwerkliches Wissen erlernt. Nicht zuletzt dieser biographische Rückbezug über mehrere Jahrzehnte hatte mich schließlich bewogen, von meiner Absicht abzurücken, nie wieder einen Großschlachtbetrieb zu betreten.

In meinen Lehr- und Wanderjahren, dem ersten Jahrzehnt nach dem Zweiten Weltkrieg, war die Fabrik ein großer Handwerksbetrieb, ähnlich wie mein väterlicher Betrieb, in dem die Meister das Sagen hatten. Der Betriebsleiter, ein echter Metzgermeister, war ein Grandseigneur, eine große Persönlichkeit, und in seiner Branche hoch angesehen. Es entwickelte sich zwischen ihm, dem Alten, und mir, dem Jungen, eine wunderbare Beziehung, die bis zu seinem Tode fortbestand. Eine gute und tiefe Verbindung, wie es sie zwischen Meister und Schüler häufig und glückhaft für beide gegeben hat und wohl manchmal auch heute noch gibt.

Ich fuhr also voller Neugier und Erwartung hin und war überrascht und erschrocken zugleich. Das Ausmaß an Technik und die Perfektion bei den Transport- und Verpackungseinrichtungen überstiegen all meine Vorstellungskraft, obwohl mir modernste Technik in meinen Fabriken seinerzeit durchaus vertraut und die Fertigung immer auf dem modernsten Stand war. Was mich bei meiner Besichtigung dann richtig »umhaute«, war das Ausmaß an elektronischer Prozesssteuerung – ich konnte nur Staunen über die Verpackungsstraßen und die perfekte Hygiene.

Ich hätte mir vor 25 Jahren zum Beispiel niemals vorstellen können, dass frisches, also nicht tiefgekühltes Hackfleisch, eine Woche in seiner Verpackung haltbar sein kann. Nun muss man wissen, dass Hackfleisch so ziemlich das empfindlichste und sensibelste Lebensmittel schlechthin ist. Es gibt eine umfängliche Hackfleischverordnung, die vorschreibt, dass frisches, unverpacktes Rinder- und Schweinehack am Tage seiner Entstehung verzehrt oder verarbeitet sein muss.

Die elektronische Steuerung, so erkannte ich verblüfft, erlaubte zudem eine Sortierleistung, die mir bis dato völlig unvorstellbar war: per Strichcode-Kennung. Da wurden auf den gleichen Bändern hintereinander und durcheinander verschiedene Qualitätsstandards verarbeitet: von konventionellen Tieren, von Rindern aus kontrollierter Weidehaltung oder Tieren aus zertifizierter ökologischer Erzeugung. Das System garantiert »Rückverfolgbarkeit« für jedes Rindfleischstück bis zum Erzeuger. So etwas erfordert normalerweise komplizierten Verwaltungsaufwand; hier geschah es wie von Geisterhand. Staunen und Bewunderung!

Aber es war laut, sehr laut! Und es war kalt. Es dominierte die Farbe weiß. Kein Fenster, kein Ausblick in den Himmel und auf die Erde. Die Menschen in weißes Plastik gehüllt, mit weißen Helmen und weißen Schuhen. Die Hygieneschleusen – auch für uns Besucher – erinnerten mich an den Eingang zu einem Operationssaal. Ein Geruch nach Desinfektionsmitteln drang überall durch. Die Menschen an den Schlacht-, Zerlege- und Verpackungsbändern waren Teil einer Mega-Maschinerie, die mit unerhörter Geschwindigkeit *einen* angelernten Handgriff verrichteten. Kein gelernter Metzger weit und bereit. Wozu auch? Unnötig und vielleicht auch störend. Sollte er denn etwa anfangen zu denken und Dinge anders zu machen, als von den Ingenieuren geplant und designed? Wo ist die Würde des Menschen, der doch im Mittelpunkt stehen sollte, geblieben? Die Würde des Menschen ist antastbar.

Ich denke, man darf keinem Menschen zumuten, Stunde um Stunde, Tag um Tag am Fließband Tiere zu töten. Dass in US-Großschlachtereien »Illegale« bis zu ihrer Ausweisung unter unmenschlichen Bedingungen schuften – fast wie in den finsteren Hochzeiten der Chicagoer Schlachthöfe –, ging erst Ende Juni 2009 wieder durch die Presse. In Deutschland sind es zunehmend Akkord-Kolonnen aus Osteuropa, die anstelle einheimischer Facharbeiter und gelernter Metzger eingestellt werden.

Wer als Produzent all diese Begleitumstände zur Grundlage seiner Geschäfte macht oder wer sie als Verbraucher als Preis für Nahrungsmittel akzeptiert, der muss verdrängen. Das wiederum führt dazu, dass er nicht mehr nachdenkt, er stumpft langsam ab. Nicht dem Konsumenten in erster Linie ist diese Gleichgültigkeit vorzuwerfen, sondern denjenigen, die sich solche »hocheffizienten« Arbeitsweisen und Methoden ausgedacht haben. Solche Arbeit verstößt nach meinem Verständnis gegen die Würde des Menschen. Und auch gegen die des Tieres.

Ich bin mir sicher, dass es notwendig und sinnvoll ist, Menschen, die Tiere töten, diese Arbeit am Tag nur stundenweise und in einem größeren Kontext machen zu lassen. Ein Metzger sollte alle oder möglichst viele Arbeiten verrichten, die zum Ganzen gehören. Die Vorstellung, dass ein Mensch hauptberuflicher Töter – Akkordtöter noch dazu – ist, entbehrt nicht erheblicher Grausamkeit.

Für den Fleischhauer, so heißt er in Österreich, für den Metzger mit Gefühl ist und bleibt das Töten eines Tieres ein tragischer Akt. Er weiß, dass er töten muss, um gutes Fleisch, gute Schinken und gute Würste zu erzeugen für die vielen, die gerne Fleisch essen, aber nicht selber Metzger sein können oder wollen. Das fachgerechte Zerlegen und Zerteilen des noch schlachtwarmen Tierkörpers ist eine Arbeit von großer Ästhetik. Das Zuschneiden der vielen verschiedenen Fleischteile für die verschiedenen Verwendungszwecke (man beobachte nur einmal einen französischen »boucher« bei seiner sorgfältigen Arbeit) und schließlich das Zubereiten der Würste, das Mischen der Gewürze, das Salzen der großen Schinken, das Räuchern, das Kochen, das Reifen der Schinken und Würste, verlangt eine hohe Qualifikation. Das stellt vielseitige Anforderungen an das fachliche Können, an Wissen und Erfahrung: Da müssen alle Sinnesorgane eingesetzt werden, Sehen, Hören, Riechen, Schmecken, Tasten. Und schließlich eine Art sechster Sinn, der all das zusammenfasst. Das ist gute alte Handwerkskunst. Der Meister, der es nach langer Zeit der Übung zur Meisterschaft gebracht hat, braucht keine Messgeräte mehr und kaum noch Technik. *Es* leitet ihn, das Richtige zum rechten Zeitpunkt zu tun. Der Volksmund würde sagen, dass er es »aus dem Bauch heraus« macht.

So wird die Verwandlung von Tieren in kostbare und wertvolle Lebensmittel zu einem ganzheitlichen Prozess, der den beteiligten Personen Glaubwürdigkeit und Anerkennung verschafft. Auch hier gilt die Maxime von Ernst Friedrich Schumacher »small is beautiful«; die Rückkehr zu menschlichem Maß ist unabdingbar – um der Menschen und um der anderen Lebewesen willen. In einer echten handwerklichen Metzgerei kann das rechte Maß wiedergefunden werden. Natürlich, das ist aufwendiger und daher teurer als industrielle Produktion. Aber die so entstehende »ethische« Qualität ist ihren Preis wert.

Was ist passiert, dass wir Tiere nicht mehr als Mitgeschöpfe, als lebendige, fühlende Wesen ansehen?

Wir finden auf verschiedenen Kulturstufen viel von beidem: von der Achtung dem fühlenden Nicht-Menschen (also dem Tier) gegenüber *und*, leider mehr, von der Gering- bis Nichtschätzung. Die Tendenz zur Geringschätzung verstärkte sich mit dem Aufkommen der drei großen, monotheistischen Religionen. Die pyramidische Dreistufung von Gott, Mensch und Geschöpf verlagert Gewicht und Belastung nach unten. Der französische Philosoph René Descartes (1596 bis 1650) lieferte – so jedenfalls liest man es in vielen Philosophiebüchern – das geistige Rüstzeug für den brutalen Umgang mit Tieren, wobei dieser Umgang schon lange vor Descartes üblich war. Der große Aufklärer erklärte Tiere zu Maschinen; und Schmerzensschreie, so meinte er – also Äußerungen, die ja immerhin auf ein fühlendes Wesen hindeuteten – seien dem Quietschen eines schlecht geölten Apparates vergleichbar. Das Tier wurde – übrigens auch im kodifizierten Recht – mehr und mehr zur Sache, mit der man beliebig umgehen konnte. Genau genommen war diese Feststellung von Descartes nur die Legitimation »ex cathedra« bestehender Praxis. Die modernen Großschlachthöfe in denen 10 000, 20 000, 25 000 Schweine am Tag (!) geschlachtet, zerlegt und verarbeitet werden, sind die Stahl und Beton gewordenen Worte von Descartes. Wohlgemerkt: Ich rede nicht vom Töten schlechthin, sondern von dem *Wie*.

Das Töten eines Tieres – und das anschließende Versorgen und Verarbeiten im Sinne der Haltbarmachung und geschmacklichen Veredelung – ist eine Basishandlung unseres Lebens, sie ist notwendig für das Überleben. Die Jäger, Bauern und später die Metzger konnten das und machten das mit einfachen Mitteln. Bis in unsere Zeit.

Innerhalb weniger Jahrzehnte ersetzten wir nun einfache Handarbeiten durch ein, wie ich meine, irrsinniges Ausmaß an Technik. Maschinen arbeiten unermüdlich, werden nicht krank, nicht schwanger, streiken nicht, beanspruchen keine Altersversorgung. Doch die durch und durch maschinisierte Herstellung verschlingt Unmengen an Energie; unsichtbar stehen hinter solchen Fabriken (Atom-) Kraftwerke und die Pipelines aus Arabien und Russland. Wir wollten uns von den Unbilden der Natur und der begrenzten Arbeitskraft des Menschen unabhängig machen und gerieten in eine noch größere Abhängigkeit: die von Technik und ihrem ruinösen Energiedurst.

Schauen wir doch mal genauer in die Regale. Da liegen sie, die schönen Packungen, mit den verlogenen Bildern von heiler Welt und den komplizierten, unverständlichen Erklärungen zum Nährwert und so weiter. Ich habe den Eindruck, dass dem äußeren Erscheinungsbild, dem schönen Schein, mehr Aufmerksamkeit geschenkt wird als dem inneren Wert dessen, was da umhüllt wird. Häufig ist der Preis für die Verpackung höher als der Preis des Inhaltes. Dazu kommt unvermeidbar ein weiterer Frevel: Ist das Haltbarkeitsdatum erreicht, muss die Packung raus aus dem Regal und wird mitsamt Inhalt meist weggeworfen, »entsorgt«. Übrig bleiben Unmengen von Plastik, die – unverrottbar – unsere Welt belasten.

Das alles wird so nicht bleiben, weil vor allem die aufwendigen Verpackungen nur auf der Basis billigen Erdöls möglich waren. Wenn Erdöl richtig knapp und teuer wird – was absehbar ist –, wird die alltägliche Verpackungsorgie unbezahlbar. Spätestens dann wird es wieder preiswerter und rentabel, Fleisch, Schinken und Würste in eine Theke zu legen und die Portionen oder Scheiben nach dem Wunsch des Kunden von einem freundlichen Verkäufer oder einer Verkäuferin schneiden, portionieren, wiegen und verpacken zu lassen. Das macht übrigens auch mehr Freude, da ist wieder der Mensch im Mittelpunkt. Man kann fragen, man bekommt Antworten, man redet.

Es war einmal eine große Menschheitshoffnung, die Plage schwerer körperlicher Arbeit mit der Hilfe von Maschinen aus der Welt schaffen zu können. Der Traum des jungen Sozialismus war es, das harte Leben der Arbeiter und Bauern durch Maschinen, die allen gehörten, leichter zu machen. Inzwischen sind wir weiter, wir sind so weit, Arbeiter und Bauern durch industrielle Automatik überflüssig zu machen. Hat das jemand so gewollt oder war das einfach nur der systemimmanente Zwang zur Rationalisierung (»Wenn nicht ich rationalisiere, tut es mein

Konkurrent und boxt mich aus dem Markt«)? Und wenn dem so war und ist: Gibt es wirklich keinen Weg, die Entwertung menschlicher Arbeitskraft zu zügeln?

Pardon, ich kann die Frage nicht befriedigend beantworten, aber ich ahne: Solange auf Teufel komm raus rationalisiert werden muss, stirbt jede Ratio. Und mit ihr Menschlichkeit gegen Mensch und Tier. Anita Idel hat in der Einleitung zu diesem Buch die Erkenntnisse aus dem UN-Weltagrarbericht zusammengefasst: Wenn man die Versorgung der Menschheit mit Nahrung – mithin den Kampf gegen den Hunger, der laut Millenniumsziel bis 2015 zur Hälfte gewonnen sein soll – weiterhin so organisiert, als ginge es um die Weltmarktstrategie eines Multis (mehr schafft mehr, die kurzfristige Dividende zählt, Kosten müssen externalisiert werden, Verluste sind nicht unsere Verluste, Gewinne aber unsere Gewinne), dann kommt es zu einer totalen Niederlage – und zwar weltweit.

Ich meine die Frage »Muss weiterhin geschehen, was geschieht?« nicht als kulturkritischen Stoßseufzer, den man als Zeuge so vieler Fehlentwicklungen schon mal gesprächshalber von sich gibt. Ich versuche, die Frage an mich selbst zu richten, sie auf mich zu beziehen. Und ich sage mir: Wenn die UN-Analyse und ihr Fazit stimmen – so wie es ist, kann es bei Strafe globaler Verwerfungen, die uns heute noch unvorstellbar sind, nicht bleiben –, warum machen wir Menschen es dann nicht wie schon so oft und fangen wieder neu an? Wenn nötig klein, einfach und bescheiden. Aber praktisch und schön. Meine Fleisch-Vision auf Grundlage einer symbiotischen Landwirtschaft, die ich in diesem Buch vorstelle, ist nicht die finale Rettungsformel. Die gibt es nicht. Aber sie kann ein Zubringerweg für Entschlossene, Kluge, Mutige und Bewegliche sein. Vielleicht sogar ein Ausweg aus der Lethargie.

Wir tun nicht, was wir wissen. *Noch* nicht, füge ich hinzu, um nicht das Fünkchen Hoffnung auszutreten, das noch schwelt.

Schweinetöten –
Schweine töten, zum Beispiel uns

Sogar gute Freunde gießen bisweilen Spott über mich aus, wenn sie auf meinen notorischen Optimismus zu sprechen kommen, auf meine Überzeugung, dass das Gute (oder zumindest das Bessere) immer noch möglich und machbar ist. Ich kann dann ganz gut mitlachen, zumal ich mit meinem »Optimismus der Tat« zeitlebens ganz gut gefahren bin. Aber ich muss zugeben, dass ich in einem entscheidenden Punkt wohl eher so etwas wie ein desillusionierter Realist bin: Eine große, eine entscheidende Wende zum Besseren – sowohl für Tiere als auch für Fleischkonsumenten – wird es nicht geben, solange nicht zweierlei gelingt:

- die Rechte von Rind, Schwein, Huhn, Lamm, Pute auf ein Leben vor dem Tod durchzusetzen und
- das Lebensmittel Fleisch einem Marktgesetz zu entreißen, das – unter Missachtung von Tier- und Menschengesundheit – das Diktat »Kostensenkung um jeden Preis« aufrechterhält.

Lebensmittelpreise für Erzeugnisse, die von lebendigen Wesen stammen, von Wesen, die uns bis in die Muskelfasern sehr ähnlich sind, dürfen nicht einer tödlichen Abwärtsspirale verhaftet sein. Es darf nicht am falschen Ende gespart werden. Nicht am Leben, nicht am Lebensglück der Tiere, nicht an Lebensmitteln, die Mittel zum Leben sind.

Ich bin mir sicher: Wir können Fleisch essen, ohne zu Kannibalen an diesem Planeten zu werden, ohne uns an den Tieren zu versündigen. Allerdings, werden wir – die Menschheit – sicherlich nicht bei den derzeit (Stand März 2009) 961 Millionen weltweit gehaltenen Schweinen bleiben können, von denen allein Europa 191 Millionen, die USA 60 Millionen und China 489 Millionen für sich reklamieren. Dazu kommen 1,4 Milliarden Rinder, rund eine Milliarde Schafe und Ziegen sowie 15 Milliarden Stück Geflügel.

In der Tat, unser Fleischkonsum frisst den Planeten auf; nicht zuletzt deshalb, weil die Produktion von pflanzlichem Eiweiß für die hiesige Tiermast in Länder ausgelagert wird, die aus Devisennot die Anbauflächen ihrer Selbstversorger-Landwirtschaft hergeben. Es scheint, als wenn die zwei Weltmächte (oder modernen Todsünden) namens Gedankenfaulheit und Bequemlichkeit (dazu kommt als Druckerzeuger die Gier) uns fest im Griff haben. Oder, wie Bundespräsident Horst Köhler – nicht ohne Hoffnung auf Besserung! – sagte:

»Wenn [die Menschen] … sehen, wie andere darunter leiden, dass immer mehr Getreide zur Fleischproduktion verfüttert wird, gibt es gute Chancen für einen Lernprozess«; und sie werden sehen, so fährt er fort, dass »übermäßiger Fleischkonsum so intelligent nicht ist.«

Er ist es auch in einem sehr unmittelbaren Eigeninteresse nicht. Eine Ende März 2009 veröffentlichte Langzeitstudie des National Institute of Health – aus den USA, dem Lande der manischen Fleischverzehrer – bestätigt etwas, das prinzipiell schon eine Weile bekannt ist: Zu viel Fleischkonsum ist ungesund. 545 000 Amerikaner zwischen 50 und 71 Jahren ließen ihre Essgewohnheiten wissenschaftlich protokollieren, und das Ergebnis lässt einen frösteln. Bei den 71 000 während der zehnjährigen Untersuchungszeit Verstorbenen hätte ein geringerer Fleischkonsum die frühen Todesfälle verhindert. Männer, die *täglich* rund 250 Gramm Fleisch aßen (die Untersuchung hob auf »rotes« Fleisch ab, also auf Schweine-, Rind- und Lammfleisch), hatten im Vergleich zu anderen, die es mit 150 Gramm *wöchentlich* gut sein ließen, ein um 22 Prozent erhöhtes Krebsrisiko; das Herzinfarkt- und Schlaganfallrisiko lag um 27 Prozent höher als bei der

Vergleichsgruppe. Bei starken Fleischesser*innen* war das Herztodrisiko sogar um 50 Prozent erhöht.

Experten empfehlen nicht mehr als 300 Gramm rotes Fleisch pro Woche. Das entspricht zwei kleinen Steaks. Und wer meint, ohne viel Fleisch nicht auf seine tägliche Eiweißration zu kommen, sollte sich mit Tofu, Erbsen, Bohnen, Linsen und Kichererbsen anfreunden.

Kein Trend ohne Gegentrend; es scheint, dass immer mehr US-Amerikaner – die weltweiten Vor-Esser der Fast-Food-gestützten Fehlernährung –»nicht mehr Geiseln in ihren monströsen Körpern« (so Jörg Häntzschel in der *Süddeutschen Zeitung* vom 25. Juni 2009) sein wollen: Öko-Supermarktketten wie Whole Foods entwickeln sich in den USA zu einem Wachstumsmarkt, schreibt Häntzschel. Nicht zuletzt deshalb, weil der Leidensdruck in den USA extrem hoch war und ist. Besonders, nachdem zuletzt durch den Film »Food, Inc.« einer großen Öffentlichkeit bekannt wurde, dass aus Kostengründen und »gegen jegliche biologische Vernunft Mais als einzige Nahrung an Rinder verfüttert wird: Rindermägen werden so zu Petrischalen für E.coli-Bakterien«, wie die Mutter eines Kindes sagt, das an einem kontaminierten Hamburger starb.

Eine ungemein eindrucksvolle Stimme zu diesem Thema war unmittelbar nach der Wahl Barack Obamas zum Präsidenten zu hören: nämlich die von Michael Pollan, Professor für Journalismus an der University of California, Berkeley, und Autor des aufrüttelnden Buches *In Defense of Food: An Eater's Manifesto (Zur Verteidigung der Nahrung: Manifest eines Essers)*. Weil man es wohl nicht präziser und eindrücklicher sagen kann und weil die amerikanischen Verhältnisse unsere europäischen abbilden (nur in größerer Schärfe), erlaube ich mir, den »Offenen Brief an den Gewählten Präsidenten der Vereinigten Staaten von Amerika« fast vollständig zu zitieren (eigene Übersetzung):

»Es mag Sie überraschen: Zu den Themen, die Sie in den kommenden Jahren am meisten beschäftigen werden, zählt eines, das Sie während Ihrer Wahlkampagne kaum in den Mund genommen haben: Nahrung. An das Thema Ernährung haben amerikanische Präsidenten nicht gerade viele Gedanken verwendet, wenigstens nicht seit der Nixon-Regierung; damals waren hohe Lebensmittelpreise ein virulentes politisches Thema.

Seither kümmert sich die Bundesregierung darum, die maximale Produktion von Mais, Soja, Getreide und Reis – den Basisprodukten der meisten unserer Supermarkt-Lebensmittel – kostengünstig sicherzustellen. Aber mit einer Plötzlichkeit, die uns alle überrascht hat, scheint die Ära billiger und reichlich vorhandener Lebensmittel zu Ende zu gehen. Das heißt nicht mehr und nicht weniger, [...] als dass die ›Gesundheit des nationalen Lebensmittelsektors‹ zu einem kritischen Punkt der nationalen Sicherheit wird. Nahrung ist dabei, Ihre Aufmerksamkeit einzufordern.

Was alles noch zusätzlich verkompliziert, ist die Tatsache, dass Preis und Verfügbarkeit von Lebensmitteln nicht die einzigen heraufziehenden Probleme sind. Wäre dem so, bräuchten Sie ja nur Nixons Beispiel zu folgen und einen Endzeit-Earl Butz [Earl Butz war unter Eisenhower und Nixon Landwirtschaftsminister und wurde zur Galionsfigur der Alles-geht-Philosophie in der Landwirtschaft und der bedingungslosen Produktionssteigerung] als Landwirtschaftsminister zu ernennen und ihn oder sie anzuweisen, die Produktion auf Teufel komm raus anzukurbeln.

Aber es gibt begründete Zweifel, dass dieser Weg noch zu etwas führt; er setzt nämlich billige Energie voraus – etwas, auf das wir nicht länger zählen können. Wollten Sie aber gleichwohl dieser Tage abermals die industrielle Landwirtschaft expandieren lassen, müssten Sie sich von wichtigen Werten verabschieden, die Sie in Ihrer Wahlkampagne hochgehalten haben.

Damit bin ich bei den tieferen Beweggründen: Sie werden sich nicht einfach nur um Lebensmittelpreise kümmern können, der ganze Lebensmittelsektor wird sehr weit oben auf der Prioritäten-

liste Ihrer Regierung stehen müssen. Falls er da nicht steht, werden Sie keine nennenswerten Erfolge bei der Bewältigung der Gesundheits- und der Energiekrise haben, auch nicht in puncto Klimawandel-Problematik.

Anders als Ernährung waren die drei genannten Themenkomplexe Gegenstand Ihrer Wahlkampagne. Aber Sie werden, wenn Sie sich dieser Probleme weiterhin annehmen, schnell erkennen, dass die Art, wie wir derzeit in den USA Lebensmittel herstellen und essen, die Bereiche Gesundheit, Energie und Klimawandel im Innersten berühren. [...] Lassen Sie mich erklären!

Nach der Autobranche verbraucht der Lebensmittelsektor mehr fossile Energie als jeder andere Wirtschaftssektor: 19 Prozent. Mögen die Experten über den exakten Prozentbetrag streiten, sicher ist, unsere Ernährungsweise leistet dem Treibhauseffekt mehr Vorschub als irgendeine andere unserer Tätigkeiten – eine Studie geht von 37 Prozent aus.

Wo auch immer Bauern das Land pflügen, werden große Mengen an Kohlenstoff frei und geraten in die Atmosphäre. Aber erst die Industrialisierung der Landwirtschaft im 20. Jahrhundert hat die Treibhausgasemission für Nahrungszwecke vervielfacht; chemische Düngemittel (aus natürlichem Gas hergestellt), Pestizide (aus Eröl gemacht), landwirtschaftliches Gerät, moderne Nahrungsmittelherstellung und -verpackung sowie deren Transport haben im Endeffekt aus einem System, das um 1940 noch 2,3 Lebensmittelkalorien aus jeder fossilen Energiekalorie gewinnen konnte, eines werden lassen, dass zehn Energiekalorien verschlingt, um eine Kalorie Supermarktnahrung bereitzustellen.

Bildlich gesprochen: Wenn wir industriell hergestellte Nahrung verspeisen, essen wir Öl und lassen Treibhausgas aufsteigen. Das nimmt sich noch absurder aus, wenn man bedenkt, dass jede Kalorie, die wir verzehren, ein Photosynthese-Produkt ist – also dem Umstand zu verdanken ist, dass die Natur Nahrungsenergie aus Sonne machen kann. Diese einfache Tatsache berechtigt zu Hoffnung.

Zusätzlich zu den Problemen des Klimawandels und zu Amerikas

Öl-Knappheit haben Sie sich in Ihrer Wahlkampagne der Krise des US-Gesundheitssystems gewidmet Die Ausgaben für das Gesundheitswesen haben sich von fünf Prozent des nationalen Einkommens im Jahre 1960 auf heute [Stand Ende 2008] sechzehn Prozent gesteigert, mit spürbaren Belastungen für die Wirtschaft. Die Gesundheit aller Amerikaner sicherzustellen setzt voraus, dass wir die Kosten unter Kontrolle bringen.

Nun gibt es etliche Gründe, weshalb das Gesundheitswesen so teuer geworden ist; einer der gewichtigsten – aber vielleicht auch einer der am leichtesten steuerbaren – hat mit den Kosten für vermeidbare chronische Krankheiten zu tun. Vier der zehn Haupttodesursachen in den USA sind chronische Krankheiten, die mit Ernährung zu tun haben: Herzerkrankungen, Herzschlag, Typ-2-Diabetes und Krebs. Nicht von ungefähr fielen die Ausgaben für Nahrungsmittelbeschaffung von achtzehn Prozent eines Haushaltseinkommens auf zehn Prozent just in der Zeit, in der sich die Ausgaben für das Gesundheitswesen mehr als verdreifachten: von fünf auf sechzehn Prozent des Nationaleinkommens.

Während Lebensmittelpreise – durch das Zuviel an Billigkalorien – seit den späten Siebzigern aufgehört haben, ein Politikum zu sein, kam es zur Kostenexplosion im Bereich der öffentlichen Gesundheit. Man wird nicht erwarten dürfen, das Gesundheitssystem reformieren zu können [...], ohne den Blick auf diese Katastrophe zu richten: eine, die den Namen »moderne amerikanische Ernährung« trägt.

Die Auswirkungen des amerikanischen Lebensmittelsektors auf den Rest der Welt beeinflussen Ihre Außen- und Handelspolitik gleichermaßen. In den vergangenen Monaten gab es in mehr als dreißig Ländern Hungerrevolten, die bisher eine Regierung stürzten. Wenn es bei den hohen Getreidepreisen bleibt, wird man erleben, dass das Pendel deutlich vom Freihandel weg in die Gegenrichtung ausschlägt. Zumindest in den Ländern, die ihre Märkte der Flut an Billiggetreide geöffnet hatten – übrigens auf Druck Ihres Vorgängers sowie der Weltbank und des Internationalen Währungsfonds. Diese Länder verloren so viele Bauern [und gewannen die Einsicht,] dass ihre Fähigkeit, die eigene Bevölkerung zu ernähren, an Entscheidungen hängt, die in Washington fallen [...] oder an der Wall Street.

Diese Länder werden sich beeilen, ihren Agrarsektor wieder aufzubauen und dann Handelsbarrieren zu errichten, anstatt sich weiterhin Wörter wie ›Lebensmittelunabhängigkeit‹ oder ›Lebensmittelsicherheit‹ aus den Mündern ausländischer Politiker anzuhören. Nicht nur die Doha-Runde [Entwicklungsagenda von 2001], der ganze freie Lebensmittelhandel ist vermutlich tot, [...] und das, obwohl noch vor läppischen zwei Jahren die Politik der billigen Nahrungsmittel Segen für jedermann versprach. Es zählt zu den größeren Paradoxen unserer Tage, dass die gleiche Politik in der Ersten Welt zur Über- und in der Dritten zur Unterernährung beiträgt.

Es zeigt sich, dass ein Zuviel an Nahrung fast ein ebenso großes Problem sein kann wie ein Zuwenig. Diese Lektion sollten wir bedenken, wenn wir uns anschicken, eine neue Ernährungspolitik zu konzipieren.«

So weit der Appell von Michael Pollan, weltweit die Vernunft zur Grundlage der Politik zu machen, gerichtet an den Präsidenten der Vereinigten Staaten von Amerika, Barack Obama – ein Aufruf, der in seinen Kernaussagen ebenso an die EU, an Berlin und an uns alle gerichtet ist. Maßvoller Fleischverzehr ist also doppelt geboten: erstens als private Infarkt- und Krebsvorsorge und zweitens, um den Infarkt der Erde zu verhindern, der uns infolge vernichteter Böden droht. Unser Planet ist bedroht vom Fleischhunger der Menschheit und einer mafiös organisierten Großindustrie, die diese Gier in ihrem Sinne instrumentalisiert.

Noch ist es traurige, dramatische Realität: »Das Vieh der Reichen frisst das Brot der Armen«, wie der Schweizer Chemiker, Theologe und Moralphilosoph Max Thürkauf schon Mitte der Achtziger schrieb. *Der unersetzbare Dschungel* (so der Titel eines Buches von Josef Reichholf) – gerodet zum Beispiel für den Sojaanbau zur Schweinemast in den USA, Europa und China – verschwindet mit der Unerbittlichkeit eines Fallbeils.

Das ist fahrlässige Tötung, einerseits der Erde und andererseits von Menschen; ihnen steht millionenfacher Hungertod bevor. Die Malaise ist schon ein paar Generationen alt. Als ich Anfang der sechziger Jahre in Rio Grande do Sul, der südlichen Provinz Brasiliens, die Fleischwarenfabrik Serrano unterhielt, wurde ich Zeuge, wie binnen dreier Jahre das Land für Sojaanbau umgekrempelt wurde. Die kleinen Bauern mit ihrer einfachen, aber vielgestaltigen Landbewirtschaftung verschwanden, vertrieben oder verführt vom großen Geld; riesige Sojafelder entstanden, so weit das Auge reichte, langweilige Monokulturen und ein gefundenes Fressen für die Bodenerosion. Die neuen Herrscher waren internationale Firmen. Die Bauern gingen, Manager und Arbeiter kamen, das Land blieb auf der Strecke oder ging vor die Hunde. Und was ich damals, vor bald fünfzig Jahren, sah, war nur der Anfang einer schrecklichen Entwicklung.

Das Rückgrat der Schöpfung, die Biodiversität, wird geschreddert. Markt befiehl, wir folgen! Wie Lemminge auf dem Weg zur Steilküste.

Wenn ich trotzdem an meiner Aussage festhalte – »Wir können Fleisch essen, ohne zu Kannibalen an diesem Planeten zu werden« –, dann meine ich *sehr deutlich* weniger Fleisch, dann meine ich anderes Fleisch, besseres, gesünderes. Und vor allem: Fleisch, das nicht um den Preis von Tierqual und Verwüstung der Böden heranwächst.

Mit großem Amüsement und etwas Stolz habe ich gelesen, was der renommierte Koch Vincent Klink Mitte Mai 2009 in sein elektronisches Tagebuch auf seiner Homepage schrieb:

»Ich will kein Schweinefleisch aus Spanien. Ich will, dass sich bei uns so etwas Gutes auch durchsetzt. [...] So, jetzt kommt's. Meine Frau ist nahezu Vegetarierin, hat sich in Herrmannsdorf die Schweine angeschaut, sie gestreichelt und sich in sie fast verliebt. Wenig später hat sie mit mir das beste Kotelett des Lebens gegessen. Ich

staunte nicht schlecht. *Das Gasthaus Schweinsbräu in Herrmannsdorf vollbrachte dies Wunder. Das Kotelett war von einem Sym-Biotik-Schwein aus der Herde des Chefs der Herrmannsdorfer Landwerkstätten.* www.herrmannsdorfer.de

Ich hatte mir zuvor die Aufzucht von Karl Ludwig Schweisfurth [Anmerkung: In unserer symbiotischen Landwirtschaft betreiben wir keine Schweineaufzucht, sondern Endmast] genau angeschaut. Man blickt auf ausgedehnte Wiesen, in denen vereinzelt wunderbare Schweine spazieren gehen, sich besondere Wurzeln suchen und Kräuter kauen. Die Reporter vom Bayerischen Rundfunk meinten heute, die Herrmannsdorfer wären eine Apotheke [der Preise wegen]. Ich sag's, wie es ist, das ist kompletter Schwachsinn, eigentlich ist das Herrmannsdorfer Fleisch viel zu billig. Zu den Schweinen kann man sich nämlich getrost dazulegen. Bei ihnen riecht es weniger als in der U-Bahn. Freilich, die Rasse ist wichtig, aber wie die Tiere aufwachsen, mit großem Auslauf, auf Wiesen bis zum Horizont, das ist das wirklich entscheidende. [...] Schweine brauchen Platz und eine

Ein Schweinebraten im Restaurant Schweinsbräu: »Eigentlich ist das Herrmannsdorfer Fleisch viel zu billig.«

große Wohnung ist immer teurer als eine kleine Bude, ganz zu schweigen von einem stinkenden Koben. Was ist los, haben Deutsche einen solchen Selbsthass, dass sie sich freiwillig täglich mit stinkenden Schweinekobenwaren traktieren?«

Die kleine Laudatio aus berufenem Mund muntert auf. Folgen Sie mir also bitte erneut – sagen wir ruhig: *vorbehaltlich* – nach Herrmannsdorf.

Besuch im Morgenland

Den Nordzipfel von Herrmannsdorf, die vier Hektar, auf denen wir praktisch und experimentell unsere symbiotische Landwirtschaft etablieren, habe ich Ihnen in den ersten Kapiteln bereits vorgestellt. Dabei bin ich – vielleicht etwas zu eilig – an dem Komplex aus Gebäuden, Werkstätten, Stallungen, Laden und Gastwirtschaft vorbeigelaufen. Einen Gesamtkomplex, ohne den für mich der Schritt in eine andere, qualitativ neue Landwirtschaft (wir nennen sie, wie gesagt, die symbiotische Landwirtschaft) nicht denkbar gewesen wäre. Nennen wir es den Unterbau. Und weil die Architektur dieser neuen Idee ohne ihren Unterbau nicht leicht verständlich wäre, bitte ich zu einem zielführenden Umweg, zu einem Rundgang durch Herrmannsdorf. Wohlgemerkt in der Absicht, sich anschließend die symbiotische Landwirtschaft weiterhin und noch genauer zu betrachten.

Herrmannsdorf ist aus der Luft betrachtet ein herrlich eingegrüntes Karree aus drei großen Scheunen – die überwiegend Produktionsräume sind – und einem Gutshaus, mit Erkertürmchen im schönsten Art-déco-Stil. Dazu kommen einige kleinere Nebengebäude, Garten- und Freiflächen, ein Biergarten und ein Hofladen. Und das Fluidum natürlich, das sich nicht so leicht beschreiben lässt. Bei der Gestaltung von Herrmannsdorf fühlte ich mich ganz besonders der Joseph Beuysschen Idee des Gesamtkunstwerks verpflichtet, wie er sie anlässlich seiner berühmten Hamburger Spülfeldaktion Mitte der Achtziger entwickelt hat: Es darf nicht darum gehen, den Außenraum mittels einer »weitgehend äußerlichen Dekorationstechnik verkommen« zu lassen, nein, der zu gestaltende Raum muss zur »sozialen Plastik« werden,

Gut Herrmannsdorf in Glonn – eine zukunftsweisende Synthese von landwirtschaftlicher Erzeugung, Lebensmittelverarbeitung und Vermarktung

die alle Bereiche der menschlichen Kreativität, insbesondere auch die Entwicklung der Lebens- und Arbeitsbedingungen, umfasst. In diesem Sinne hatte ich in den Siebzigern noch als Chef der Herta-Wurstfabriken Kunst in die Produktionsräume und Schlachthäuser geholt, eine Beuys-Adaption, die dem Meister anlässlich einer Besichtigung sehr gefallen hat. In Herrmannsdorf nun ergaben sich Chancen, der Idee des Gesamtkunstwerks noch näher zu kommen: Es galt auch hier, »optimale Arbeitsbedingungen und Wirkungsstätten von Kreativität« schön und sinnvoll zu vermählen.

Die Überzeugung, die mich bei der Gründung Herrmannsdorfs 1986 geleitet hat, war eine, die mich schon mein Leben lang begleitet hat: Ideen brauchen Erdung. Und Erdung geschieht am ehesten, wenn man praktisch erprobt. Dem Denken muss praktisches Handeln folgen, oder, wie einer der bedeutendsten Denker des 17. Jahrhunderts, der Philosoph und Mit-

Inspirator der amerikanischen Verfassung John Locke, es ausdrückte:»Die Handlungen sind die besten Auslegungen der Gedanken.«

Die Herrmannsdorf-Idee war und ist ein Dreiklang aus: ökologisch, handgemacht und regional. In den letzten Jahren hat mein Sohn Karl, der seit Mitte der Neunziger Herrmannsdorf leitet, den Begriff »fair« hinzugefügt; damit ist die Notwendigkeit gemeint, den Produzenten faire Preise zu zahlen, sie nicht in Konkurs oder Armut zu treiben oder sie zu zwingen, an der Qualität zu sparen.

Ich wollte bewusst weg von der industriellen Fleischproduktion mit all ihren Unerträglichkeiten, die ich im vorangegangenen Kapitel skizziert habe und von der auch später noch die Rede sein muss. Geplant war und ist eine Rückkehr zur handwerklichen Erzeugung – allerdings eine Rückkehr *ohne* romantische Technikfeindlichkeit und unter Wahrung ökonomischer Leitlinien. Die Produkte sollen aus der Region für die Region sein; denn »bio« und »öko« machen sich mächtig unglaubwürdig, wenn jede Leberwurst mit Hunderten von LKW-Kilometern belastet ist und jede Speckseite von einer Seite der Republik zur anderen kutschiert wird. Und dann wollen wir wie gesagt zu unseren Handelspartnern, aber ganz besonders zu den Tieren fair sein. Nur so ließe sich, dessen war ich mir, dessen bin ich mir sicher, ein gutes Ergebnis erzielen. Also: handgemacht, regional, fair und gut.

Den Plan, das alles an *einem* Ort beispielhaft zu demonstrieren und zu realisieren, fassten wir damals unter dem Motto zusammen:»Wir müssen einen Leuchtturm bauen.« Nicht, damit alle diesen Leuchtturm aus der Ferne bewundern oder versuchen, ihn eins zu eins nachzubauen, sondern um zu zeigen, was möglich ist, was bedarfsgerecht abgewandelt, was anderen Verhältnissen angepasst, was verbessert und was mit zusätzlichen Ideen vorangebracht werden kann.

Im Zentrum von Herrmannsdorf steht zweierlei: die Werkstätten und der Genuss. Die Werkstätten, das sind eine Käserei, eine Bäckerei, eine Metzgerei (ein kleines Schlachthaus) und eine Brauerei. Unter Genuss subsumieren wir einen Biergarten, ein Wirtshaus und einen Hofmarkt. Die Pflanzen und Tiere kommen – sofern wir sie nicht unmittelbar in Herrmannsdorf selbst aufwachsen lassen – aus der nahen Nachbarschaft: Rinder, Kälber, Schweine, Schafe, Geflügel, Eier, Getreide, Kartoffeln, Obst und Gemüse. Die Verarbeitung geschieht in der Tradition guter alter Handwerkskunst in Herrmannsdorf.

Wir produzieren unseren eigenen Dünger. Mit dem Schweinemist betreiben wir über eine Biogasanlage ein kleines Kraftwerk, das Strom und Wärme liefert. Das rechnet sich bei kurzen Wegen besonders gut. Wenn ich Gäste und Interessenten durch Herrmannsdorf führe, verweile ich gern etwas länger an unserer Biogasanlage; hier lässt sich besonders gut demonstrieren, was sorgsame Ressourcennutzung meint. Die Anlage läuft schon seit über zwanzig Jahren. Aus dem Schweinemist entsteht mithilfe von zig Millionen Bakterien Methangas, das einen Motor antreibt, der Strom und Wärme für Herrmanndsorf erzeugt. Die Gülle wird dabei in ein wertvolles Gärsubstrat umgewandelt, das nicht mehr stinkt, unsere Atmosphäre nicht belastet und darüber hinaus auch noch sehr gut für ein reiches Bodenleben und gute Bodenfruchtbarkeit ist – der oben erwähnte Dünger. Er bietet eine natürliche Grundlage für die Ernährung von Nutzpflanzen.

In die Herrmannsdorfer Biogasanlage gelangt auch Kleegras. Zehn Prozent unserer Anbaufläche dient der Energieerzeugung – so wie früher die Arbeitspferde eines Bauernhofes rund ein Zehntel der Hofflächen für ihr Futter brauchten. Haferanbau gehörte dazu.

Für alle unsere Brote verwenden wir ausschließlich wertvolles Korn aus Herrmannsdorf und benachbarten Bio-Betrieben. Im Gegensatz zu vielen anderen, die lediglich den Mehlkörper verwenden, wird bei uns das volle Korn mit dem Keimling und allen sieben Schalen vermahlen. So können wir sicher sein, dass alle Vitamine, Enzyme und Ballaststoffe erhalten bleiben, die von Natur aus den Kern der Sache ausmachen. Und weil der Keimling empfindlich ist und schnell ranzig wird, mahlen wir das Korn, das wir verbacken, jeden Tag frisch in unserer Steinmühle. Dem Mehl wird dann nur noch Wasser, Meersalz und natürlicher Sauerteig zugesetzt.

Großer Beliebtheit erfreut sich unser Emmerbrot. Ich lasse eigentlich keine Backstubenbesichtigung, an der ich beteiligt bin, geschehen, ohne ein paar Worte zu diesem Getreide zu sagen, das auch als das biblische Brot der Essener in Erinnerung geblieben ist.

Schon in der Steinzeit war Urgetreide wie Emmer, Einkorn und Dinkel ein Hauptnahrungsmittel. Heute ernten den Emmer vor allem Demeter-Bauern. Ein höchst erstaunliches Korn, nicht nur wegen seiner wertvollen Inhaltsstoffe wie Mineralien, Carotin und überdurchschnittlich viel Protein, sondern auch wegen seiner Widerstandskraft gegen diverse Krankheitserreger. Aber das muss man gar nicht mal wissen, die meisten Emmer-Freunde schätzen den würzigen Geschmack und das Bewusstsein vollwertiger Ernährung.

Vollwertigkeit ist auch das richtige Stichwort für unsere Rohmilchkäserei. Herrmannsdorf ist eines der letzten Reservate für Käse aus roher Milch. Die vierbeinigen Zulieferinnen stehen in unmittelbarer Nähe auf ökologischen Höfen. Ihre Milch fließt auf kürzestem Weg direkt in den Käsekessel. Unsere Milchbauern und die Käserei arbeiten ständig mit Untersuchungsämtern, Tierärzten und Wissenschaftlern zusammen, um den hohen hygienischen Standard halten zu können, ohne den die Rohmilchkäserei (also die Verarbeitung nicht pasteurisierter oder sonst wie behandelter Milch) ein unverantwortliches Gesundheitsrisiko darstellen würde. Der Herrmannsdorfer Käse reift viele Monate lang in den Erdreifegewölben im »Herrmannsdorfer Berg«. Das Ziegelmauerwerk und ein raffi-

niertes Belüftungssystem sorgen für einen einzigartigen Reifeprozess.

Es kann passieren, dass Besucher, auch gerade fachkundige,
zu bedenken geben, dass das reichlich viel Aufwand sei. Ich sage
dann nichts und stecke ihnen ein Stück »Alter Herrmannsdorfer nach Art des Parmesan« zwischen die Zähne. Die Antwort
schmeckt allen.

Aber man muss sie schon noch vertiefen. Ohne Frage ist die
Herstellung hochwertiger Lebensmittel teurer als die industrieller, oft minderwertiger Ware. Aber das Teurere kommt uns nicht
so teuer wie das mit aller Gewalt Billige. Es verursacht keine ge-
sundheitlichen Folgeschäden von der Art, wie sie bei der Nutzung von viel Lebensmittelchemie nicht ausgeschlossen werden
können. Was im Einklang mit der Natur produziert wurde, rui-
niert nicht die Böden und verursacht keine versteckten Folgekosten, die gigantisch hoch sind, aber nie in offiziellen Bilanzen
auftauchen. Die Energiebilanz vollwertiger Bio-Nahrung ist gut,
mindestens aber deutlich besser als die von Nahrung, die besin-
nungslos über Meere und Autobahnpisten geschickt wird. Und
sie schmeckt besser, bietet also mehr Genuss. Und Sicherheit.

Apropos Sicherheit: Kürzlich kurvte ein kleines, vielleicht fünf-
jähriges Mädchen auf dem großen Herrmannsdorfer Innenhof
auf einem Kinderrad herum, während seine Mutter in unserem
Hofladen einkaufte. Die junge Mutter kam dazu, als ich die Renn-
fahrerin und ihr metallic-grünes Rad bewunderte.

»Das war sicher nicht billig?«, fragte ich die Mutter.

»Ja, schon sehr teuer. Aber es hat den höchsten Sicherheits-
standard, da kann nichts splittern oder abbrechen. Das war uns
wichtig!«

Daran musste ich denken, noch lange nachdem die beiden
Herrmannsdorf wieder verlassen hatten. Eltern sparen, wenn es
ihnen nur irgend möglich ist, nicht am Wohlergehen, nicht an
der Sicherheit ihrer Kinder. Aber wenn es um Lebensmittel geht,
um die Qualität dessen, was unmittelbar zum Leben gehört?

Kinder erleben im Herrmannsdorfer Feriencamp die Nähe zu Tieren und stellen unter Anleitung sogar Lebensmittel selbst her.

Da hört die Selbstverständlichkeit irgendwie auf. Die eingeschweißte Billigstwurst zu 39 Cent pro hundert Gramm sieht doch schließlich aus wie Wurst, oder etwa nicht?

Über Qualität und die Frage, ob man sie wirklich *in jedem Fall* schmecken kann (moderne Lebensmitteldesigner können Geschmack geschickt imitieren), lässt sich lange streiten. Für mich steckt ein wesentliches Qualitätskriterium in der Frage, ob ich den folgenden Satz ohne Abstriche und Einschränkungen sagen kann oder nicht: »Das ist so gut, das kannst du deinem Kind bedenkenlos geben.«

Für Kinder ist Herrmannsdorf zu einem Ort der Begegnung geworden. In der warmen Jahreszeit gibt es hier ein Dorf für Kinder und Tiere, betreut von erfahrenen und hoch qualifizierten Fachkräften. Übernachtet wird in Tipis und Jurten, und zum Tagesablauf gehört ganz besonders die gelebte Nähe zu Tieren.

Aber es gibt auch etwas Herrmannsdorf-Typisches: Ein Gutteil der Lebensmittel stellen sich die Kinder – meist Schulkinder aus der Region – unter Anleitung der Herrmannsdorfer Meister selbst her: Brot, Käse, Marmelade und – Wurst. Sie schlachten nicht eigenhändig, natürlich nicht, aber sie stellen den Fleischteig selber her, würzen und bearbeiten ihn, füllen ihn in Därme und genießen das Resultat. Das schmeckt unvergleichlich gut. Auf gut Soziologisch würde man sagen:»unentfremdete« Lebensmittel, Selbstgemachtes, hat eine unmittelbare Sinnlichkeit, die sich den Geschmacksknospen mitteilt.

Der große Reformpädagoge Hartmut von Hentig sieht ebenfalls die Wichtigkeit dieser Erfahrungen, so hat er mir jüngst in einem Brief mitgeteilt:

»Über die Hälfte der Menschen lebt heute in Städten. Das Dorf ist eine aussterbende Lebensform. Wie kann diese für das Aufwachsen heutiger Kinder tauglich, gar notwendig sein?

Die uralte Antwort lautet: Weil die Kindheit dazu da ist, die elementaren Erfahrungen mit den elementaren Tatsachen des Lebens zu machen – mit dem, wovon wir leben, den Urstoffen, den Pflanzen, den Tieren, mit dem Stirb-und-Werde der Natur, mit unserer Verwendung und Verarbeitung der vorgefundenen Güter der Erde und also mit der Verantwortung für ihre Bewahrung oder Zerstörung, ihre Pflege oder Vergeudung.

In der Welt der Warenhäuser, Fabriken und Büros können Kinder diese Erfahrungen nicht machen – und die Schulbücher, das Fernsehen, der Computer, so nützlich das von ihnen zu habende Wissen ist, ersetzen die Erfahrung nicht: Wie man ein Feuer hütet, wie man Wasser lenkt, staut, verteilt, wie man sich mit dem Tier befreundet, von dem man etwas will, wie man Getreide erntet, mahlt, zu Brot bäckt …

Die Pädagogen haben es einst gewusst, die Menschenforscher weisen es heute nach: dass Wissen ohne Erfahrung nicht anhält und vor allem nicht antreibt, nicht motiviert.

Alle Schulen müssten darum ein eigenes Dorf für Kinder und Tiere wie in Herrmannsdorf haben, und alle könnten es haben, wenn wir das Geld, das misslingende Schulbildung kostet – in der Form von Sitzenbleiben, Nachhilfeunterricht, Schulabbruch, Ausbildungsunfähigkeit, Vandalismus, seelischer Beschädigung und schlechter Gesundheit –, in eine auch nur halb so gut ausgestattete Lerngelegenheit steckten, wie sie Anne und Karl Ludwig Schweisfurth in Glonn geschaffen haben.

Die Zukunft unserer Gesellschaft wird in ›Herrmannsdörfern‹ gewonnen, nicht im PISA-Test – und selbst der würde davon profitieren.«

Seit vielen Jahren gibt es in Herrmannsdorf auch einen Kindergarten, außerdem ist das neue Bildungswerk »oikos-Jugendakademie« im Aufbau – mit dem Ziel, (schwierige) Jugendliche zu befähigen, selbständig zu werden, Unternehmer im eigenen Unternehmen.

Von den etwa hundert Menschen, die in Herrmannsdorf leben, sind ein Drittel Kinder. Herrmannsdorf wuselt über von Kindern, und ihr Spielplatz ist das Dorf, die Landwirtschaft und die Werkstätten.

Durch Herrmannsdorf werden Lebensmittel für Kinder zum Erlebnis. Das klingt, zugegebenermaßen, etwas nach diesen platten Slogans, wie sie in Werbeagenturen ausgebrütet werden. Das Wort Erlebnis wurde zur Wort(patronen)hülse, die nach Bedarf auf die Verbraucherherde abgeschossen wurde.

Ich möchte mir daher etwas Zeit und Atem nehmen, um Sie in den Folgekapiteln für eine neue Erlebnisqualität zu begeistern.

Ein Schlachtfest und ein Plan

Von dem kubanisch-stämmigen französischen Avantgardisten, Impressionisten, Kubisten, Dadaisten, Schriftsteller und »Großmeister der kleinen Form, des Aphorismus«, von Francis Picabia (1879 bis 1953), stammt folgende Sentenz:

Eine Frau küsste ein Kaninchen.
Ich fragte, warum.
Sie sagte mir,
morgen am Sonntag will ich es schlachten.

Nun stand Picabia nicht nur im Rufe großer Exzentrik, man hat ihn auch – ob zu Recht oder Unrecht, weiß ich nicht – einen »Meister des ästhetischen Zynismus« genannt. Wie dem auch sei, man kann wohl nicht ausschließen, dass Picabia nur ein handliches Bild für moralische Heuchelei oder alltäglichen Verrat gesucht hat. Vielleicht ging es ihm auch darum, mit minimalen sprachlichen Mitteln einen maximalen Schock auszulösen? So wie es in der Moderne nicht wenige Künstler gibt, die den Aufschrei des Publikums für den einzig erstrebenswerten Applaus halten. Schock ist schrecklich chic.

Überlassen wir das Urteil über Picabia den Kultur- und Kunsthistorikern und nehmen seinen Ausspruch einfach mal eins zu eins. Eine Frau liebkost ein Tier, dessen Stunden schon gezählt sind. Sie herzt ein empfindsames Wesen, das sie töten und verspeisen wird. Warum küsst sie es? Aus Mitleid? Aus Schuldbewusstsein? Oder ist es nur ein tief eingewurzelter Reflex, der sie so handeln lässt? Darf man gar Tiefliegendes vermuten: Handelt sie – unbewusst archaisch – im Geiste jener nordamerikanischen Indianer, die den Bären um Verzeihung bitten, ehe sie ihn töten? Würde ihr das Kaninchen nicht oder schlechter schmecken, wenn sie es nicht mit diesem Kuss in den Tod verabschiedete? Sie merken es, ich merke es: Diese Art Fragen lassen sich nur spekulativ beantworten, wenn überhaupt. Doch eines scheint mir klar zu sein: Wir Menschen sind mit dem Umstand, dass wir töten müssen (mindestens Pflanzen!), um zu leben, nicht wirklich fertig. Wir können es allerdings ganz gut verdrängen; der Duft, der uns von einem gut belegten Gartengrill anströmt, enthält ein Narkotikum für Geist und Bewusstsein. Das rettet zwar den Appetit, ist aber dennoch schlecht. Unverdautes bekommt nicht wirklich. Das gilt auch für geistige Verdauung: Was man nur mal so eben andenkt und dann wegdrückt, rumort weiter. Was also tun?

Ich weiß und ich bestehe darauf, dass man Tiere – reden wir wieder von Schweinen – verantwortlich töten kann, wobei die Verantwortlichkeit damit beginnt, dass die zu Tötenden ein Leben vor dem Tod hatten, ein schweinemäßig gutes, und dass ihr letzter Weg nicht zu einem Hindernislauf des Schreckens wird.

Ich hatte mir für den 18. April 2009 vorgenommen, diesen Anspruch noch einmal zu leben und miterlebbar zu machen. Denn eines ist mir über die Jahre immer klarer geworden: Vom besseren Fleisch kann man Menschen nur mittels ihrer Geschmacksknospen überzeugen und vom *verantwortlichen* Töten am ehesten, wenn man Augenzeugenschaft ermöglicht.

Vor unserer Herrmannsdorfer Kinderscheune (einer Werkstatt mit Küche für Kinder, die hier im Sommer eine Woche in einer Art pädagogischem Landschulheim, dem Dorf für Kinder und Tiere, verbringen) hat sich ein lockerer Halbkreis von Menschen gebildet. Zuschauer, geladene Gäste. Ich habe ihnen in einem ausführlichen Einladungsschreiben mitgeteilt, was sie erwartet, dass der Umwandlung von Leben in essbares Fleisch Gewaltanwendung vorausgeht.

Es ist still, fast hätte es der Aufforderung nicht bedurft, die ich an die Gäste richte:»Ich muss jetzt um absolute Ruhe bitten! Das Schwein darf in keiner Weise beunruhigt werden!«

Die große schwäbisch-hällische Sau steckt noch in einer der beweglichen Schweinebuchten auf Kufen, die ein Schlepper bis kurz vor das Küchengebäude gezogen hat. Ich stelle das Schwein vor:»Das Tier ist schon gestern früh auf gutes Zureden von Josef, der sich bei uns in der symbiotischen Landwirtschaft um die Schweine kümmert, in diese Hütte gegangen, hat da auch übernachtet. Und auf seinem letzten Weg – von seiner Weide bis hierher sind es keine vierhundert Meter – wird es von einem anderen Schwein aus derselben Rotte begleitet, damit der letzte Weg nicht so einsam wird. Das andere Schwein fahren wir zurück. Und jetzt bitte ab-so-lu-te Ruhe!«

Der Schlepper hat die überdachte Schweinebucht zentimetergenau vor das Ende eines Leitplanken-Ganges bugsiert – diese Sichtblenden sind eher für das Schwein als für das Publikum –, in den hinein die Sau mit Worten und einem ganz leichten Schubs dirigiert wird. Am Ende des kurzen Ganges, in einem ebenfalls umfriedeten Geviert vor dem Haupteingang zum Küchenhaus, bleibt es stehen, den Kopf gesenkt. Es versucht, Witterung aufzunehmen; Schweine riechen mindestens so gut wie Hunde, das habe ich immer wieder erlebt. Die kleinen Äuglein blitzen auf, das Schwein macht einen halben Stolperschritt rückwärts, so als wollte es sich vor dem Unvermeidlichen zurückziehen. Panik ist indes nicht erkennbar. Es wird, dessen bin ich mir sicher, die Vielzahl der Menschen bemerken, den Geruch von Diesel, den der Schlepper abgeblasen hat; der Steinplattenuntergrund – die letzten Monate hat es ausschließlich auf freundlicher Erde gestanden – wird ihm missbehagen und, wer weiß, vielleicht wird die Sau auch mit einem Sensorium, das wir nicht haben, den Grusel der jungen Frau bemerken, die sich abwendet und ihren Mann mit sich fortziehen will.

Einer der vier Metzger mit noch blütenweißer Gummischürze

In Herrmannsdorf werden Schweine mit der Elektroschere betäubt –
von Panik keine Spur, auch Todesschreie sind nicht zu hören.

tritt vor, so langsam, dass das Schwein keine Ausweichbewe-
gung macht.

Eine Elektro-Betäubungsschere fasst es am Hals gleich hinter
den Ohren, es ruckt, der Schlag fegt das Schwein von seinen
stämmigen Läufen.

»Sie werden keinen Schrei hören«, hatte ich in meinem Einladungsschreiben versprochen. Kein Schrei, in der Tat. Ich muss
unwillkürlich wieder an das Todes-Gequieke denken, an diese
tierischen Verzweiflungsschreie, die ich bei Hausschlachtungen
in meiner Kindheit miterlebt habe. Wann immer ich betone, dass
es gilt, die guten Traditionen und Fertigkeiten der Hausschlach-
terei zu bewahren und wieder zu beleben, beeile ich mich hinzu-
zufügen: Die ruppige Art, in der Schweine früher die letzten Meter ihres Lebens getrieben oder an Ohren und Schwanz gezogen
wurden, zählt ganz sicher nicht zu dem, was es zu bewahren gilt.

Der Stich in die Halsschlagader kommt so schnell, dass ich

ihn – obwohl ich ein geübtes Auge habe – nicht kommen gesehen habe. Der Blutstrahl ist voll und hart, die Schüssel, die das Blut auffängt, ist in Sekundenschnelle gefüllt. Das einzige Geräusch ist das Kratzen der Rührlöffel in den Blutschüsseln. Ein TV-Kameramann (ich habe mich entschlossen, diese Hausschlachtung dokumentieren zu lassen) verlässt seine andachtsvolle Hockstellung und signalisiert nach hinten, dass er alles im Kasten hat. Ich überlege mir, ob das in Großaufnahme wohl martialischer aussieht als ich und womöglich auch das Schwein es erlebt haben. Ich gebe das Zeichen, dass wieder gesprochen werden darf. Die Leitplanken werden abgebaut. Das tote Schwein wird mit heißem Wasser vom Blut gesäubert – die Äuglein sind geschlossen – und dann ein Stück weit nach hinten gezogen, wo es vier Männer in einen großen Holzzuber wuchten und mit siebzig Grad heißem Wasser übergießen.

»Di Haxn missat ma scho no außi bringa!«, sagt Metzgermeister Alex. Richtig: Die Beine müssen so angewinkelt werden, dass sich das Schwein nicht in der Holzwanne verkantet.

Ich wende mich an meine Gäste, von denen einige etwas beklommen dastehen: »Das Schwein ist tot. Die Seele hat das Tier verlassen. Jetzt ist es nur noch Fleisch. Was jetzt folgt, ist eine relativ grobe Arbeit ...«

Und wie choreographiert auf das Stichwort »grobe Arbeit« beginnen die Herrmannsdorfer Metzger, eine Kette zu bewegen, die beidseits des Körpers ins Wasser taucht und das Schwein umfängt. Die Kettenglieder raspeln die langen Borstenhaare auf dem Rücken und an den Flanken im Takt der Zugbewegungen ab; eine »Feinrasur« folgt mit der »Glocke«, einer Art Metallhut mit scharfen Enden. Um den Kopf haarlos zu machen, muss das flache Haupt aus dem heißen Wasser gehievt werden. In insgesamt weniger als zehn Minuten wird aus dem Borstenvieh ein »Marzipanschwein«.

»All das erfolgt in der Massentierschlachtung natürlich sekundenschnell und maschinell.«

Mithilfe einer Kette werden die Borsten des Schweins entfernt.

Ich nutze die Gelegenheit gespannter Aufmerksamkeit zu einer
Philippika: »Wie es den Tieren in den Großschlachtereien ergeht,
dieses Ende mit Schrecken, unter Lärm und roboterhaft getak-
teter Akkordhetze, ist doch gänzlich unerträglich. Unter dem
ständigen Druck zur Rationalisierung – immer schneller, immer
größer, immer mehr – sind die Fließbänder in den Schlachthöfen
immer perfekter geworden – perfekt im Sinne von funktional.
Automaten haben die Arbeit übernommen; Tiere sind zur Sache
geworden, Menschen zu Werkzeugen. In diesen Schlachthöfen
ist es kalt, laut, weiß; kein Blick nach draußen ist mehr möglich.
Dieser Weg begann in den Chicagoer Großschlachthöfen vor
mehr als hundert Jahren. Die Würde von Mensch und Tier ist dabei schleichend und fast unbemerkt auf der Strecke geblieben;
die Verantwortlichen haben die Realität verdrängt oder sind so
abgestumpft, dass es keiner Verdrängung mehr bedarf. Kritik
wettern sie ab: Es machen ja alle so. Der Fortschritt gebietet es.
Wer nicht mitmacht, ist raus aus dem Big Business.«

Inzwischen sind meine vier Herrmannsdorfer Metzger von der Fein- zur Feinstrasur übergegangen, für die ein überscharfes, langes Messer eingesetzt wird. Ich leite zu einem Thema über, das mir ganz besonders am Herzen liegt: »Die Qualität – eine Qualität, die sie gleich er-essen werden – hat eine ganz wesentliche Voraussetzung: das Vorleben des Schweins. Unsere Herrmannsdorfer Schweine durften zum Beispiel etwas sehr Schweinegemäßes: die Erde wühlend nach essbarem Kleingetier durchgraben. In einer Handvoll Erde stecken mehr Kleinstlebewesen als derzeit Menschen auf diesem Planeten leben. Von diesem Wunder, nicht von den vielen High-Tech-Wundern, leben wir.«

Mit dieser Schweinehaltung kann man nicht den steigenden weltweiten Fleischkonsum decken. Das ist auch nicht mein Anspruch, nicht meine Aufgabe. Meine Aufgabe sehe ich darin, einen Leuchtturm aufzurichten (der vielleicht eines Tages zu einer Arche werden könnte). Ich will zeigen, dass es möglich ist, besseres Fleisch heranwachsen zu lassen und Tiere achtsam zu töten. Und ich will all das von der alten Warmfleischmetzgerei zurückholen, was gut war, unvergleichlich viel besser als das, was uns heute in der Fleischproduktion zugemutet wird. Die Warmfleischmetzgerei, also die Verarbeitung des Fleisches, solange es noch warm ist, war ursprünglich eine Erfindung der Not. In der Zeit vor der Allgegenwart von Kühltechnik musste man alles, was sich nicht schnell verkaufen oder nutzen ließ, in Leberwürsten, Brüh- oder Rauchwürsten, Kochschinken und so weiter auf der Stelle verarbeiten. Das ergab exzellenten Geschmack und eine Frische, wie sie die meisten heutigen Zeitgenossen nie gekostet haben.

Auf meine Handbewegung hin wuchten die Metzger ein Querbalkengestell in die Höhe, an das die Sau rücklings und kopfüber an den Achillessehnen aufgehängt wird. Das Gewicht des Schweins zwingt zur Improvisation: Bevor das Holz unter der Last von 170 Kilogramm zu splittern beginnt, wird eine Schraubzwinge zur Stabilisierung angesetzt.

Unsere Weideschweine werden grundsätzlich mit einem Lebendgewicht von um die 170 Kilo geschlachtet (Turbomastschweine bringen es auf 110 bis 115 Kilo), weil wir Herrmannsdorfer der Meinung sind, dass nur »reife« Schweine gutes Fleisch, gute Würste und guten Schinken ermöglichen. Aus den 170 Kilo Lebendgewicht werden etwa 130 Kilo sogenanntes Schlachtgewicht. Diese Differenz machen die Innereien aus, also Magen, Därme, Leber, Herz, Niere oder Lungen.

Schlachtermeister Alex beginnt die Sau zu öffnen, wobei er das Messer – nach vorheriger Öffnung im Schritt und Versenken von Hand und Klinge im Schwein – von innen nach außen führt, damit die Därme nicht zerschnitten werden. Denn, so kommentiere ich, das gäbe »eine wirkliche Sauerei«. Während Alex mit einer Hand die Klinge führt, hält er mit der anderen die vorquellenden Därme zurück, bis er sie mit einem Schnitt und einem Schwung aus der inzwischen weit geöffneten Bauchhöhle hervorwuchtet. Sie werden auf einem blank gescheuerten Tisch ausgebreitet.

»Ich habe Ihnen ein Wunder versprochen, hier ist es!«, rufe ich meinen Gästen zu. »Für mich gibt es nur wenig, was an diese Ästhetik heranreicht!«

Ich erkläre Dickdarm, Dünndarm, Blinddarm, breite das schimmernde Netz aus, das alles umfängt, lege die Milz frei, die wie eine lange dunkle Zunge über dem Magen liegt, der Dünndarm hängt an einer fächerförmigen Brücke. In das Staunen der Gäste hinein sage ich: »Alles um die 15 Meter lang, wie bei uns …«

Es wird Hand aufgelegt, geschüttelt, gestaunt, später das Herz von Hand zu Hand gereicht. Wir haben 97 Prozent unserer Gene mit dem Schwein gemein, fast keinem Lebewesen sind wir inwendig so ähnlich wie dem Schwein. Noch während ich etwas Hilfestellung beim Staunen gebe und Tierarzt Dr. Hartel im Herz nach Spuren von Rotlauf (einer für Schweine oft tödlichen Hautkrankheit), in den Mandeln nach Anzeichen von Tuberkulose und im Zwerchfell nach Trichinen (Fadenwürmer, die Analyse

Fast keinem Tier sind wir inwendig so ähnlich wie
dem Schwein – 97 Prozent der Gene stimmen überein.

ist nicht ad hoc möglich) sucht, beginnen die Metzger mit dem
Auswaschen der Därme. Metzger kommt nicht von »metzeln«,
wie mancher glauben mag, sondern von »macellarius« (latei-
nisch: Metzger, Fleischwarenhändler); die Kunst, Tierdärme
mit Fleischbrei zu füllen und Würste zu machen, ist europäi-
sches Kulturgut. Das gab es so auf keinem anderen Kontinent.

Die Metzger lösen derweil die Därme aus; noch sind sie mit
Unappetitlichem gefüllt, schon bald werden sie, nach säuber-
licher Waschung, Wohlschmeckendes enthalten. Ich fordere
meine Gäste auf, dem Kopf des Schweins besondere Aufmerksamkeit zu widmen. Früher wurde das Haupt extra gekocht, die
ausgelösten Bäckchen und die kräftige Kaumuskulatur sind das
absolut Beste vom Schwein (heute wird sämtliches Kopffleisch
gekocht und meist in feinen Leberwürsten verarbeitet). Mein
Vater, Karl Schweisfurth, sagte uns immer bei morgendlichen

Betriebsrundgängen:»Das Filet ist für die dummen Reichen, das wirklich Gute steckt hier, im Kopf.«

Sven, der junge Metzger, der gerade an der Elitefachschule für Metzger in Augsburg seine Meisterprüfung bestanden hat, zeigt, wie man Leberkäsbrät und Bratwurstbrät würzt. Zuvor wurden das dafür nötige Fleisch und der Speck mit einem kleinen elektrischen Wolf (einem Apparat, der das Fleisch mithilfe einer Schnecke durch gelöcherte Scheiben presst) zerkleinert. Der Leberkäsbrät enthält viel Fleisch von der Vorderbein-Wade; neben Meersalz werden Pfeffer, Koriander, Piment, Muskatnuss und ein wenig geriebene Zitronenschale zugesetzt. Wie viel und in welchem Mischungsverhältnis, das entscheiden Svens Hand und Svens Zunge. Wasser wird in Form von Eisflocken in den Kutter (Zerkleinerer; aus dem Englischen von »to cut«: schneiden) gegeben.

Der Bratwurstbrät enthält zwei Drittel Fleisch, viel von der sogenannten Fettbacke (der äußeren Backe, die sich leicht vom Kopf abtrennen lässt), und ein Drittel Fett; alles andere, auch hier besonders die Gewürze, ist Improvisation und Spielraum für Könner: Schwarzer Pfeffer, wenig Koriander, Muskat, Piment und Saisonales, im April etwa Bärlauch. Für die Bratwürste werden übrigens Schafs-, nicht Schweinedärme verwendet. Letztere sind für Blut- und andere Würste, bei denen man die Hülle nicht mitisst.

»Klassisch«, sagt Sven, »sind Würste immer Schweinswürste gewesen; Rindfleisch ist eigentlich zu teuer, um es zu verwursten. Da aber weltweit zu viel Steak und einige bekannte Fleischstücke gefordert werden, nimmt man mittlerweile jenes Rindfleisch, das nicht exakt in die Verbraucher-Schablonen passt, auch für die Wurstherstellung.«

Wenig später duftet es so, dass Gespräche und Kurzvorträge ersterben: Bärlauchbratwurst mit hauchzartem Biss, ein Leberkäse, der (zwar nicht die typische rosa Schweinchenfärbung hat, sondern eher hellbraun und damit im ersten Moment befremdlich, dann aber) beglückend auf dem Teller liegt, dazu Kesselfleisch von großer Zartheit. Alle essen. Ein Gast, der gesprächsweise verlauten lässt, dass es nicht leicht sei, zu Schwein immer den richtigen Wein zu finden – die besten Weine seien nun mal Rinder-Weine oder Fisch-Weine –, hält die Bärlauchbratwurst in die Höhe und verkündet:»Das ist keine Bratwurst, das ist eine Offenbarung!«

Ich nutze die »gefräßige Stille« für weitere Ausführungen: »All das, was Sie hier erlebt haben, ist Warmfleischmetzgerei. Merken Sie sich das Wort: Warm-fleisch-metz-ge-rei. Das Fleisch wird verarbeitet, während es noch körperwarm ist, bevor die Totenstarre eintritt. In den Massenschlachtereien ist das nicht möglich, da muss man mit viel Energie die Tierkörper an die Nähe des Gefrierpunktes herunterkühlen, auf dass sie einige Tage haltbar sind und dabei noch transportfähig bleiben – oft kreuz und quer durch Europa. Das geht gewaltig auf die Qualität. Den Unterschied haben Sie soeben geschmeckt, möchte ich meinen.«

Nicken und kauen ist die allgemeine Antwort. Ein Lederhosenduo spielt »Schnaderhüpflmusik«, es wird Obstler gereicht, und wäre das Arrangement ein echtes Schlachtfest – also ein Auflauf von Hungrigen und weniger von Informationshungrigen –, würde jetzt wohl getanzt werden. Draußen spielen die Kinder mit der aufgeblasenen Schweinsblase, und der von mir eingeladene Profifotograf schiebt den noch vollen Teller zur Seite, sucht eine gute Perspektive und die passende Brennweite: »So was habe ich auf einem Brueghel-Bild gesehen«, sagt er, »Schlachtfest und die Kinder spielen mit der Schweinsblase Ball.«

Drinnen folgen Leberwürste mit Sauerkraut und eine Chiemgauer Polka. Der Weinkenner sagt, es werde ihm eine echte Aufgabe sein, zu dieser wunderbaren schlachtwarmen Leberwurst einen Wein zu küren. Ich halte mich derweil an Schweinsbräu, ein naturtrübes helles Bier, das in Herrmannsdorf gebraut und ausgeschenkt wird.

Ich ergreife noch einmal das Wort: »Warum habe ich Sie eingeladen? Eine unhöfliche Frage, werden Sie sagen. Natürlich habe ich Sie hier hergebeten, weil Sie Freunde, Weggefährten, gute Bekannte sind. Aber alle, die mich kennen, werden vermuten, dass ich natürlich auch eine Botschaft habe. Ich scheue mich nicht, es ›meinen Traum‹ zu nennen. Wobei ich immer hinzufüge, dass man Träume leben und verwirklichen kann …«

Ich lenke die Aufmerksamkeit auf ein Tuch, das über einem Etwas liegt, das etwa die Größe eines Ferkels hat.

»Ich möchte deutlich machen, dass dies hier keine Sonderveranstaltung bleiben muss. Wir können das, *ihr* könnt das selber machen. Ich arbeite daran, Schlacht-Fest-Häuser in verschiedenen Teilen Deutschlands aufzubauen. Musterhäuser zum Nach- und Selberbauen, wenn Sie so wollen. Wir stecken all unser Wissen, all unsere Erfahrungen in … nennen wir es … einen Schlacht-Fest-Haus-Prototyp. So wie ich Herrmannsdorf einmal als Musterbetrieb aufgebaut habe, damit andere es nachbauen und variieren können. Jetzt also: Schlacht-Fest-Häuser. Da kann dann wieder, so wie wir das eben erlebt haben, nach alter Tradition und nach den Regeln der guten Warmfleischmetzgerei – natürlich nach strengen Hygienestandards gemäß der Europäischen Union – geschlachtet werden und geschmaust und gefeiert und getanzt.

Das Fleisch, das dort verarbeitet wird, kommt aus den angrenzenden symbiotischen Landwirtschaften der nahen Zukunft. Die wird es geben. Es werden sich Bauern zusammenschließen, die mit wenig Arbeitsaufwand hochwertiges Fleisch erzeugen. Das Know-how dazu erarbeiten wir gerade. Es wird diese Bauern geben, die schon jetzt keine Chance mehr haben, unter der Knute von Lidl, Aldi und Co. Billig-Billig-Billig-Massenfleisch *so* herzustellen, dass auch sie davon leben können. Diese Bauern werden die Alternative sehen, die sich ihnen hier bietet – so wie unter den Biobauern vor ein paar Jahren ja nicht nur mutige Idealisten waren, sondern auch Menschen, die in der herkömmlichen

Landwirtschaft für sich keine Auskommen mehr sahen und deshalb die Alternative probiert haben, der Not gehorchend.

Das Fleisch, um das es uns geht, ist Fleisch von Schweinen, die wühlen dürfen, die sich ganz überwiegend vom Land ernähren, auf dem sie leben. Unbezahlbar? Die Qualität, die da entsteht, wird bezahlt werden, weil es die Leute leid sind, für schlechte Fleischqualität, die noch dazu um den Preis von Tierquälerei erzeugt wurde, zu zahlen. Dieses Schweinefleisch, das ich meine, ist in der Tat teurer als Billigmassenware. Aber erstens muss Fleischverzehr wieder zu etwas Besonderem werden, also besseres Fleisch und gleichzeitig weg von der gesundheitsschädlichen Überdosis, die wir uns heute geben. Und zweitens macht es Sinn, die Bilanz für dieses Fleisch weiter zu fassen, viel weiter: Die Landschaft, die zur Erzeugung einer neuen Stufe von Öko-Fleisch notwendig ist, ist eine gesunde Landschaft, so wie wir sie brauchen. Die Rückgewinnung des ländlichen Raums ist eine existenziell wichtige Aufgabe und nicht nur etwas, das unter landschaftsästhetischen Gesichtspunkten erfreulich ist. Die symbiotische Landwirtschaft schafft Erde, die mehr CO_2, mehr Treibhausgase binden und mehr Wasser halten kann als die ausgelaugten Böden der großflächigen Landwirtschaft.

Wenn wir also die Kosten einer symbiotischen Fleischproduktion hochrechnen, müssen wir das Gemeinwohl mitrechnen, dem wir durch eine solche Landschaftsgestaltung dienen: Hecken, Kleingewässer, belebte Wiesen, Bienenweiden, Grundwassersicherung, CO_2-Speicherung. Hochwasserschutz nicht zu vergessen: Ein gesunder, humusreicher Boden kann Starkregen-Spitzen besser aushalten als ein ausgemergelter Boden, von dem aus die Hochwässer sofort in die Bäche und Flüsse abfließen und sich zu dämmebrechenden Fluten auftürmen. Wir müssen die Bodengesundung mitrechnen, die wir erreichen. So gesehen, ist die symbiotische Landwirtschaft unglaublich preiswert.

Und noch eines: Wenn wir bilanzieren, sollten wir den Lebensgenuss mitrechnen, den wir haben, wenn wir unser Schweinefleisch unter unseren Augen selbst herstellen. Bitte schauen Sie her ...«

Ich enthülle ein Modell, ein kastenförmiges Gebäude, über das sich quasi ein Frei-Otto-Dach nach Art des Münchener Olympiastadions wölbt (siehe dazu auch Fotos und Systemzeichnungen im Kapitel *Symbiotische Landwirtschaft – so wird es gemacht*).

»Voilà! So soll es aussehen, das erste Schlacht-Fest-Haus.«

Ein Schlachthaus fürs Leben

Auf unserem Herrmannsdorfer Schlachtfest habe ich das Schlacht-Fest-Haus vorerst nur als Modell vorgestellt. Wie es aussehen kann, wie es konstruiert sein könnte, wie es funktioniert, wird ab Seite 222 noch einmal übersichtlich dargestellt. Aber vorab gibt es eine Reihe von W-Fragen, die Sie mir spontan oder nach einigem Nachdenken stellen werden:

- Warum Schlacht-Fest-Häuser?
- Wer betreibt sie?
- Wer finanziert sie?
- Was ist mit den Hygienevorschriften und notwendigen Genehmigungen?
- Wo findet man denn noch Hausschlachter, die fähig sind, ein Lebendschwein in gute Lebensmittel zu verwandeln?

Aber der Reihe nach.

Warum Schlacht-Fest-Häuser?

Wir fangen nach all den fatalen Irrwegen der industriellen Fleischproduktion wieder klein und bescheiden an. Aber wir haben – ja, das klingt schon ein wenig unbescheiden – den Anspruch, das Missing Link zwischen dem tierehaltenden Bauern und dem Verbraucher gefunden zu haben: Tierhaltung in einer symbiotischen Landwirtschaft, kombiniert mit einem kleinen, selbstbetriebenen Schlachthaus mit Werkstatt zur Wurst- und Schinkenherstellung sowie Verkaufsraum.

Ich sehe dafür mehr Gründe, als ich hier ausführlich ausbreiten kann. Zum einen gilt es einen Beitrag zu leisten, damit eine Alternative entsteht zur Barbarei der automatisierten Massenschlachtung. Diese ist unethisch und unter Tierschutzgesichtspunkten völlig inakzeptabel. Wer sich nicht zur Radikallösung des totalen Fleischverzichts entschließen kann oder mag, wer weiterhin guten Gewissens Fleisch essen will – Würste, Pasteten, Schinken inbegriffen –, der wird offen sein für die Frage: Gibt es gangbare Weg für Omnivoren, als »bekennender Karnivor« die übliche, durchrationalisierte Barbarei nicht zu unterstützen? Ein Weg, den ich austesten und anbieten möchte, besteht darin, Tierhaltung, Schlachtung und Verarbeitung selbst in die Hand zu nehmen.

Gibt es das nicht schon? Nein.

Auch Bio-Schweine enden heute zumeist in den Akkord-Schlachthöfen; die meisten hören auf, Bio-Schweine zu sein, sobald sie den Hof verlassen. Ihnen wird in aller Regel derselbe Todesstress zugemutet wie Normalschweinen – mit allen Konsequenzen nicht zuletzt auch für die Fleischqualität. (Es gibt allerdings ein paar wenige Bio-Betriebe, die ihre Schweine zu Fuß zum Schlachten schicken.)

Ein Schlachthaus in Eigenregie erlaubt, dass man sehr weitgehenden Einfluss darauf hat, wie die Tiere zu Tode kommen und mit welchem Grad handwerklicher Kunst ihr Fleisch verarbeitet wird. Auch kann man bestimmen, welche Zusätze tabu und welche erwünscht sind. Man kann Altes bewahren und Neues kreieren.

Solche oder ähnliche Gedanken sind vertraut, wenn es um selbstgezogenes Gemüse geht oder um die schonende, gesunde Herstellung von Marmelade oder ums Backen aus selbst gemahlenen Körnern. Selbermachen! Aber in puncto Fleisch erscheint ein entsprechender Gedanke erst einmal befremdlich, denn auf dem Weg zum vielfach guten Fleisch gibt es die Grenze von Leben und Tod. Es gibt unsere Scheu, ein großes Säugetier zu töten. Das mit dem Töten *lässt* man geschehen. Man tut es nicht ... Der Mut, es besser, es richtig zu machen, wird jedoch ein Stück Befreiung bedeuten.

Aber es geht nicht nur um die Ethik des Tötens, nicht nur um die alte/neue Qualität von Fleisch und um eine Renaissance der Warmfleischmetzgerei. Ein Schlacht-Fest-Haus ist auch ein Beitrag zur Dorfgemeinschaft. Schlachtfeste waren Dorffeste der besonderen Art – das werden Sie, sofern Sie es nicht mehr selbst erlebt haben, der Schilderung im vorherigen Kapitel entnommen haben. Warum sollten sie es nicht wieder werden können? Schweine wurden vor nicht allzu langer Zeit fast immer in unmittelbarer Nähe ihres Stalls und ihrer Weide geschlachtet – lange Transporte mit brutalem Stress sind Dinge des Industriezeitalters –, so, wie es war, *kann* es wieder werden. Nein: So *muss* es wieder werden, zumindest überall dort, wo wir es in der Hand haben! Im Interesse der Schweine und in unserem Interesse.

Ein kurzer Exkurs: Ich weiß, dass spätestens hier der »Was-soll's!«-Einwand fällt:»Was soll es bringen, wenn es einer winzigen Prozentzahl (richtiger wohl: Promillezahl) von Schweinen so gut wie nur irgend möglich geht, während in den Schlachthöfen der Welt weiterhin das durchrationalisierte Grauen herrscht?« Ich erinnere mich und Sie daran, dass vor rund drei Jahrzehnten die Pioniere der ökologischen Landwirtschaft genau mit diesem Killerargument konfrontiert waren:»Was soll's, ihr lieben, armen, verirrten Idealisten, wenn auf winzigen Flächen nicht gespritzt wird? Ihr bewegt euch im Eins-zu-eine-Million-Bereich ...« Die Erfolgsgeschichte der ökologischen Landwirtschaft hat die Antwort gegeben: Nur wenig ist so schwer aufzuhalten wie eine Idee, deren Zeit gekommen ist.

Schlacht-Fest-Häuser sehe ich nicht isoliert, sondern als Dachelemente eines Gebäudes. Das Gebäude nenne ich: neue Lebensqualität auf dem Lande. Die Basis dieses Gebäudes ist eine symbiotische Landwirtschaft – in diesem Fall mit dem

Schwerpunkt auf der Schweine- und Geflügelhaltung. In anderen Weltgegenden, wo Schweinefleisch tabu ist, könnten Geflügel- oder Rinderhaltung im Vordergrund stehen.

Wer betreibt sie?

Sie und ich. Es werden sich im ländlichen Raum Menschen finden – und dazu noch Unterstützer in den Städten –, die eine gemeinsame Interessenbasis haben: besseres, skandalfreies Fleisch auf den Teller! Fleisch, das allein schon wegen seiner außerordentlichen Qualität und wegen des (gesundheitlich gebotenen!) reduzierten Konsums durchaus etwas teurer sein kann und darf als Normfleisch.

Ich rede damit nicht einer neuen Armut das Wort oder einem »Brot-für-die-Welt-aber-die-Wurst-nurmehr-in Griffweite-der-Besserverdienenden«. Ich mache mich für eine zweifache Gesundheitsfürsorge stark: besseres Fleisch essen, aber insgesamt *deutlich* weniger.

Die Schweine-Endmast im Rahmen einer symbiotischen Landwirtschaft kann ein Landwirt im Nebenerwerb bewerkstelligen. Unsere Tests haben ergeben, dass die notwendige Arbeit – selbst gelegentliche Ausbesserungsarbeiten, ein wenig Buchführung und dergleichen inbegriffen – weniger Zeit beansprucht als intensive Stallhaltung. Nicht zuletzt deshalb, weil die Schweine einen Teil der anfallenden Arbeit (Bodenbearbeitung, Füttern) selbst erledigen.

Es gibt die Menschen, die diese Arbeit gut und gerne tun werden. Landwirte. Sie werden dieser Tage mit anderer, aber ähnlicher Brutalität wie in den Bauernkriegen Anfang des 16. Jahrhunderts in den Ruin getrieben. Vor rund fünfhundert Jahren ging es gegen die Leibeigenschaft, heute gegen die kalte Enteignung durch multinationale Großkonzerne, Supermarktketten (vermutlich heißen sie deshalb Ketten, weil sie unsere Bauern an ruinöse Abwärtstrends ketten) und die Marktmacht eines entfesselten Agrobusiness.

Symbiotische Landwirtschaft schafft für Landwirte berufsnahes Zusatzeinkommen, kann daher das rettende Zubrot für einen Landwirt sein, der gerne Bauer bleiben würde, aber es nach Lage der Dinge bisher nicht konnte. Eine einträgliche Zusatzarbeit, noch dazu hofnah. Das wäre natürlich eine andere Perspektive als das Pendeln zwischen der nächstgelegenen Stadt und dem defizitären Kuhstall. Und für die Gemeinschaft, die eine solche symbiotische Landwirtschaft mit dem Schwerpunkt Schweinehaltung (zur Erinnerung: die Hälfte des Fleisches, das wir verzehren, stammt vom Schwein) trägt, erfüllt sich ein Bündel von Sehnsüchten: ein Stück Land zu gestalten, natürlich mit Tieren zu leben, Erdung und Bodenhaftung zurückzugewinnen, Kinder inmitten von natürlicher Schönheit aufwachsen zu lassen. Meine Vier-Hektar-Vision soll dazu beitragen, das Land wieder zu beleben, es bewohnbarer zu machen. Und das durch eigenes Tun, durch Selbermachen.

Kritik – notwendige Kritik an der Verwüstung unserer Landschaften durch eine Agrarkultur, die mit Kultur schon lange nichts mehr gemein hat – ist das eine. Selbermachen ist der nächste, nötige, womöglich mitreißendere Schritt. Erst einmal Oasen in der Agrarwüste schaffen, Lebensinseln die sich dann vergrößern. Symbiotische Landwirtschaften (mit und ohne die krönende Endstufe eines Schlacht-Fest-Hauses) werden Bremsen der bäuerlichen Landflucht sein. Wer sich beteiligt – als Landwirt oder als Mitträger und Mitgestalter einer symbiotischen Landwirtschaft – hat ein Bündel guter Gründe:

- selbst kontrollierte Fleischqualität;
- Senken des Tierleid auf ein unvermeidliches Minimum;
- Verbesserung und Neuschaffung von Bodenqualität;
- Erhalt einer klein strukturierten, bäuerlichen Landschaft, mithin ein Faktor für den Naherholungs-Tourismus (siehe dazu insbesondere das Schlusswort zu diesem Buch);

- gute Arbeitsplätze im ländlichen Raum;
- Belebung des Dorfgemeinschaftsgefühls;
- Rettung eines bedrohten Handwerks: der Warmfleischmetzgerei;
- Bremsen der Landflucht;
- Schaffung von neuen Lebensformen und Lebensmöglichkeiten auf dem Lande.

Wer finanziert sie?

Halt, stopp! Fast hätte ich einen Zwischenruf überhört, der unweigerlich zum Halt-Ruf wird, wenn man ihn nicht gebührende Aufmerksamkeit widmet: Wer soll, wer kann das bezahlen?

Ein Schlacht-Fest-Haus – in kleiner Ausführung – mit integrierter Warmfleischmetzgerei zu errichten, kostet (Stand Mai 2009) etwa 250 000 Euro – das ist der Neupreis für einen sehr großen Traktor mit Zubehör. Dieser Betrag könnte von mehreren Bauern aufgebracht werden, aber auch von unterstützenden Erzeuger-Verbrauchergemeinschaften. Dergleichen gibt es schon für die Gemüseerzeugung.

Ein anderes Finanzierungsmodell: Junge, kreative Metzger werden mit dieser Geschäftsidee, die nach dem Baukastensystem erweitert werden kann, Existenzgründerdarlehen bekommen, zumal wenn sich ein Schlacht-Fest-Haus mit einer anspruchsvollen Gastronomie verbinden lässt.

Was ist mit den Hygienevorschriften und notwendigen Genehmigungen?

Hier gilt: Man darf sich als mündiger Bürger einem hypothetischen oder realen Risiko aussetzen, das vom Gesetzgeber nur dann nicht akzeptiert wird, wenn es um gewerbliche Lebensmit-

telherstellung und Handel geht. Ein Parallelbeispiel: Ein Milch-
bauer darf seinen Kindern die gesunde Rohmilch zu trinken geben, darf sie aber unpasteurisiert nicht verkaufen.

Das klingt seltsam, bedeutet aber in der Praxis: Die Herstellung oder Zubereitung von Lebensmitteln, die nicht für den
Handel, sondern für den Eigenbedarf (und den erweiterten
Eigenbedarf) bestimmt sind, unterliegen nicht denselben strengen Hygienevorschriften wie Handelsware. Die Fleischhygiene-
verordnung ist nur halb so »schlimm«, wie sie meist dargestellt
wird! Was man, wenn es um Fleisch zum Verkauf geht, gleichwohl wissen und bedenken muss, finden Sie auch im Kapitel
Symbiotische Landwirtschaft – so wird es gemacht.

Wo findet man denn noch Hausschlachter, die fähig sind, ein Lebendschwein in gute Lebensmittel zu verwandeln?

Hier rühren wir an einem kritischen Punkt. Die Zahl der Metzger,
die das Handwerk noch oder wieder umfassend beherrschen, ist
gering. Aber es gibt sie noch, die Könner. Und mit neuerlicher
Nachfrage wird gute alte Handwerksqualität aufleben – berei-
chert um etliche neue Erkenntnisse und Verfahren. Es finden
sich noch Lehrbetriebe, überwiegend in Südeuropa, wo die gute
alte Metzger-Handwerkskunst gelernt werden kann. Künftige
Metzgermeister, die mehr wollen, als normierte »Rohstoffe« vom
Fleischgroßhändler zusammenzumischen, Fertigwürzmischun-
gen einzustreuen und das Ganze in Kunstdärme zu füllen, werden wohl wieder wandern müssen. Wie vordem.

Glückauf für diesen Rückweg nach vorne!

Schweine sind mehr als Kotelett und Schinken

So weit die Schilderung unseres Herrmannsdorfer Schlachtfestes und der Idee der Schlacht-Fest-Häuser. Es lässt sich nur schwer mit Worten vermitteln (über die Geschmacksknospen geht es ungleich einfacher), inwiefern Warmfleischmetzgerei eine handwerkliche Kunst ist, die zu bewahren sich lohnt. Ich will es dennoch versuchen.

Schon Homer berichtet, dass die Wurst seinerzeit – im achten Jahrhundert vor Christus – hoch im Kurs stand: In der *Odyssee* lobsingt der Dichter von »Wurstkämpfen«, die die Griechen austrugen. Der Sieger bekam die besten Würste, sozusagen als essbare Medaille. Aus Fleisch Würste und Schinken zu machen, ist also lange vor der Zeitenwende als einfache und sichere Methode entwickelt worden, leicht Verderbliches haltbar zu machen. Eine sinnvolle Entwicklung; denn in kleinen Dörfern oder gar entlegenen Weilern konnte man unmöglich das Fleisch eines geschlachteten Tieres, sei es nun Schwein oder Rind, in der gebotenen Frist aufessen.

Im Winter brachte die Witterung eine gewisse Fristverlängerung; ein Grund, weshalb noch bis in die jüngere Vergangenheit Hausschlachtungen in der kalten Jahreszeit stattfanden. Im Sommer – und das gilt heute noch für viele Weltgegenden – muss das Tier, das morgens unters Messer kommt, am Abend gegessen sein. Oder mindestens gekocht; das bringt eine weitere, allerdings sehr kleine Fristverlängerung, bevor die Fäulnisbakterien Fleisch und Appetit verderben.

Schon sehr früh entdeckte man, dass man Fleisch durch Salzen für längere Zeit – und durch die Kombination von Salzen,

Trocknen und Räuchern sogar für beachtlich lange Zeit – haltbar machen kann. Salzbergbau und Brückenzölle für Salztransporte begründeten daher Reichtum und Macht. Und ohne Salz wäre »die Silbergewinnung zur See«, die hoch gewinnträchtige Heringsfischerei an den Küsten Nordeuropas, nicht möglich gewesen (mehr zu den Konservierungstechniken im Kapitel *Der Kampf gegen die Mikro-Mitesser*).

Aber zurück zum Schinken. Luftgetrocknet und roh wurde er zum Markenzeichen der südlichen Länder wie Italien und Spanien. Parmaschinken und andalusischer »Pata Negra« genossen und genießen Weltruf. Der geräucherte Knochenschinken dagegen fand seine Stammheimaten vor allem in Deutschland, etwa in Westfalen und Holstein, aber auch in der Schwarzwaldregion. Die traurige Wahrheit – schon wieder muss ich den Appetitverderber spielen – hinter diesen Wahrzeichen regionaler Landeskultur: Geschätzte 99 Prozent des Schwarzwälder oder Westfälischen Schinkens stammen von Hybridschweinen, gehalten und gemästet in Betonverliesen auf Spaltenböden, anschließend durch die halbe Republik gekarrt, um dann mit CO_2 erstickt zu werden. In alten Zeiten dagegen war es üblich – weil es gar nicht anders ging –, dass das Schwein in der Region gelebt hatte, in der es dann nach regionalen Gewohnheiten und Eigenheiten in Schinken und Würste verwandelt wurde. Heute kommt »dank« moderner Kühl- und Transporttechnik alles von überall her.

Schauen wir doch einmal genauer hin. Wie entstehen Schinken, Würste und Co.? Welche Teile von Schwein und Rind werden verwertet? Was passiert mit den restlichen Fleischteilen?

Der schon erwähnte *Knochenschinken* wird noch schlachtwarm von der Schweinehälfte getrennt, etwa drei Fingerbreit unterhalb des Hüftknochens. Die Pfote bleibt am Schinken, sie wirkt wie der Korken auf der Weinflasche, verhindert während des langen Reifeprozesses das Ausdünsten der Geschmacks- und Aromastoffe. Noch schlachtwarm wird das überschüssige Fett vom Schlegel abgetrennt, so dass man die schöne Kontur des fertigen Schinkens erkennt. Nun wird der Schinken langsam auf eine Temperatur von vier Grad Celsius abgekühlt. Im Winter geschieht das natürlicherweise im Freien; findet das Schlachten im Sommer statt, wird man sich eines Kühlraumes bedienen. Dann geht es ans Salzen. Am besten eignet sich Meersalz, das in seiner natürlichen Zusammensetzung wertvolle Mineralien und Spurenelemente enthält – ganz im Gegensatz zu raffiniertem Salz. Vor allem die Fleischseite, aber auch die übrigen Teile des Schinkens werden fingerstark mit Salz bedeckt. Pro Kilogramm Schinkengewicht wird ein »Salztag« gerechnet, das heißt: Ein Schinken, der samt Pfote 18 Kilogramm wiegt, liegt 18 Tage im Salzmantel. Das Salz zieht die Feuchtigkeit aus dem Schinken und saugt sie auf; deshalb muss nach der Hälfte der Salzzeit die feuchte Lake durch neues, trockenes Salz ersetzt werden. Trocknen und Salzen schaffen also die lange Haltbarkeit.

Ist die Salzzeit um, wird die Kruste entfernt. Der Schinken verbringt dann in Reih und Glied hängend die nächsten vier Monate in einem klimatisierten, trockenen Raum oder Gewölbe bei circa vier Grad. Die niedrige Temperatur ist hier »überlebensnotwendig«, denn der Schinken ist im Inneren und am Knochen noch roh und ohne Salz und würde bei höheren Temperaturen verderben. In dieser Zeit findet der eigentliche Salzprozess statt; das Salz, das erheblich konzentriert in den Randbereichen eingezogen ist, kann jetzt bis ins Zentrum des Schinkens vordringen und damit weitere Feuchtigkeit entziehen. Nach einem Vierteljahr ist dieser Prozess abgeschlossen. Wenn man die Natur machen lässt und nicht künstlich beschleunigt, kommt es auch zu keiner Übersalzung. Zu viel Salz, und sei es nur eine Idee zu viel, würde hingegen die wunderbaren Geschmacks- und Aromastoffe überlagern und abtöten. Wenn das so sorgfältig gemacht wird, braucht man kein Nitrit oder Nitrat. Der fertige Schinken ist auf natürliche Weise rosarot geworden und ist so haltbar wie ein Nitratschinken. Das ist reine Natur! Selbst erfahrene Fachleute staunen, dass das geht.

Der Schinken wird nun gründlich abgewaschen, noch einmal beschnitten und für drei Tage auf eine Temperatur von 28 Grad gebracht. Im Sommer reicht es, den Schinken ins Freie zu hängen. So haben es auch die Italiener früher in Parma und San Daniele gemacht. Die Bakterien, die letztlich für den Geschmack verantwortlich sind und das feine Aroma erzeugen, werden auf diese Weise aus ihrem dreimonatigen Vier-Grad-Tiefschlaf geweckt und beginnen ihre Arbeit: Der eigentliche Reifeprozess kommt in Gange. Im Grunde ist es wie bei einem guten Wein – der Schinken braucht Zeit, um sich zu entwickeln, um sein Aroma auszuformen.

In Italien wird der Teil des Schlegels, der offen liegt, mit einer Paste aus Schweineschmalz, Mehl, Salz und Pfeffer eingerieben, um den Schinken an seiner offenen Flanke vor Ungeziefer zu schützen und zu starkes und schnelles Austrocknen zu verhindern. (Wenn ich den Namen des Schinkenmeisters wüsste, der auf diese Idee kam, ich würde ihm ein Denkmal spendieren. Genial!)

Der Reifeprozess, der noch einmal mindestens ein Dreivierteljahr dauert, sollte sich in einem einfachen (Erd-)Reifegewölbe vollziehen, mit dicken Mauern aus Ziegelsteinen oder Lehm, die Temperatur und Feuchtigkeit speichern können. Wenn sie etwa zwei Meter unter der Erde liegen, entsteht von Natur aus eine relativ konstante Temperatur von circa 10 Grad Celsius und eine Luftfeuchtigkeit von rund 70 Prozent; es muss allerdings möglich sein, immer wieder neue Frischluft zuzuführen. Eine Fußbodenheizung kann an besonders kalten Tagen heizen, mit Eiswasser durchspülte Rohre an der Decke sorgen bei Hitze für Kühlung und, wenn nötig, für eine Entfeuchtung der Luft. Solch eine Installation kann jeder Klempner einrichten. Ein alter italienischer Schinkenmeister hat mir einmal gesagt: »Carlo, so ein Schinken ist wie ein Lebewesen. Er braucht viel gute Luft. Geh in einen Reiferaum und atme tief ein ... und dann weißt du, wie der Schinken wird.« Recht hat er. Ob es nur ein »Na-ja-gehtso«-Schinken oder ein »Belissima«-Schinken wird, hängt von ganz vielen Faktoren ab – und von der Zeit. Alles muss stimmen auf dem langen Weg von Stall und Weide bis auf den Teller. Ein Schinken ist ein Kunstwerk, die hohe Schule des Metzgers. Nun besteht ein Schwein ja nicht nur aus dem hochwertigen und besten Teil, dem Schinken. Für mich ist es nicht nur eine Frage der Wirtschaftlichkeit, sondern ein ethisches Gebot, ein Tier – wenn es denn schon mal Nutztier ist – auch ganz zu nutzen. Leider ist der Trend nicht nur in Deutschland ein anderer. Von den rund dreißig essbaren Fleischteilen, aus denen beispielsweise ein Rind besteht, werden nur die wenigsten zum Verkauf angeboten. Gefragt sind Muskelfleisch, Filet, Schinken und Kotelett – Innereien oder Kopffleisch werden mehr und mehr tabuisiert. Der sogenannte »Kopfpuler«, der genusstaugliches Fleisch (Backen, Zunge, Maulfleisch) aus den Tierköpfen pult, stirbt aus. Nur etwa ein Viertel der Innereien wird von Schlachtmeistern als Lebensmittel verkauft, der Rest geht an Hundehalter oder direkt in den Abfall. Ein Jammer: Innereien werden geächtet (was allerdings auch zum Teil an der Belastung mit Schwermetallen liegt, die die Tiere über ihre Nahrung aufnehmen und die sich in den Organen ablagern), während die Menschen gleichzeitig immer exotischeres Fleisch essen, etwa Hai, Känguru oder Alligator.

Bei mir fordert es meinen ganzen Ehrgeiz als Metzgermeister heraus, gerade aus den sogenannten »unedleren« Teilen etwas Hervorragendes zu machen. Blut- und Leberwurst, zum Beispiel. In der Hausschlachtung spielen Blut- und Leberwürste eine wichtige Rolle. *Leberwurst* wird aus Leber, dem Herzen und dem Fleisch des Schweinekopfes, aber auch aus Nieren, Zunge und Fettteilen gemacht. Das Grundmuster ist eigentlich immer das gleiche: Die schlachtwarmen Innereien werden unter fließendem Wasser gesäubert, vorhandene Blutadern werden herausgeschnitten, das ganze wird kurz aufgebrüht und dann durch einen Wolf gedreht und so zerkleinert. Gewürzt wird mit

Salz und Pfeffer und weiteren Kräutern, am besten aus der Hand eines kreativen und/oder erfahrenen Meisters. Klassischerweise gehört zu einer Hausschlachtungs-Leberwurst Majoran, etwas Thymian und ein Hauch von Nelke und Piment. Am Schluss – es folgt einer dieser Tipps, die unsere Großmütter nur an ihre Lieblingsenkelin weitergegeben haben – noch etwas Brühe, in der zuvor der Schweinekopf gekocht wurde.

Das beim Schlachten gewonnene Blut wird zu *Blutwurst* verarbeitet. Ich habe es oft mit Verwunderung zur Kenntnis genommen, dass Menschen, die gerne Fleisch essen, eine gewisse Abneigung verspüren, ein Lebensmittel zu essen, das wesentlich aus Blut hergestellt wird. Ich sage nur: probieren! Aber nicht die Nullachtfünfzehn-Blutwurst, sondern eine aus der Warmfleischmetzgerei! Die enthält neben dem Blut noch zu kleinen Würfeln geschnittenen Speck und Zunge. Als Hülle für Blut- und Leberwürste nimmt man die gesäuberten Schweinedärme, besonders die fein gekräuselten Dickdärme, aber auch den Blinddarm und Schweinemagen. So findet sich das Schwein am Ende in seinen eigenen Därmen wieder.

Ich rede hier absichtlich nicht von den Edelteilen, die zu Filet, Kotelett und Braten werden, das Selbstverständliche füllt bereits meterweise die Regale für einschlägige Bücher ... halt, nein, von einem Edelstück soll doch kurz die Rede sein: von der *Salami*. Magere Fleischteile von der Schulter ohne Sehnen und der feste Speck vom Rücken sind eine gute Basis für Salami. Fleisch und Fett werden noch schlachtwarm mit einem Fleischwolf in große Stücke zerkleinert. Dann wird Salz, Pfeffer und gerne auch etwas Rotwein, Fenchel und Knoblauch hinzugefügt. Das ganze wird sorgfältig vermengt und in natürliche Därme gefüllt.

Den Reifeprozess kann man nicht allgemeingültig beschreiben, seine Länge ist abhängig von der Temperatur, dem zugefügten Salz, dem natürlichen Zucker im Fleisch und nicht zuletzt der Arbeit von Milchsäurebakterien – ähnlich wie beim Schinken. Anfangs sind Salamis sehr wärme- und zugluftempfindlich, deshalb muss man besonders auf eine kühle Umgebung achten sowie auf viel frische Luft, aber ohne Zug. Während der Reifung wird dann die Temperatur langsam erhöht, so dass neben der gewünschten Trocknung der Salami auch die Säuren entstehen können, die Geschmack, Haltbarkeit und Schnittfestigkeit der Wurst positiv beeinflussen. Nach einer Woche ist der erste Teil der Reifung abgeschlossen, die Salami muss nun im (Erd-)Reifegewölbe bei Temperaturen zwischen 15 und 20 Grad nachreifen. Hier entwickelt sich der besondere Geschmack. Gleichzeitig verliert die Wurst durch die Austrocknung an Gewicht – wenn der Anteil an magerem Fleisch hoch ist, können es sogar bis zu 40 Prozent des Ausgangsgewichtes sein. Durch das Wasser, das aus dem Inneren der Wurst langsam nach außen abgegeben wird, bildet sich der natürliche weiße Schimmel, der die Wurst langsam umhüllt – er ist also gewollt, er schützt und stützt das typische, würzig-feine Aroma.

Der dicke *Rückenspeck* und der *Bauchspeck* des Schweins werden nach dem Zurechtschneiden mit einer Mischung aus Meersalz und Gewürzen (Pfeffer, Wacholder, Lorbeer) für zwei bis drei Wochen unter kühlen Temperaturen – ähnlich wie der Knochenschinken – getrocknet. Auch hier wirkt das Meersalz konservierend, indem es dem Speck Wasser entzieht und so den Trocknungsprozess unterstützt. Im Anschluss daran wird der Speck etwa zwei Wochen lang geräuchert. Der Rauch bringt nicht nur den wichtigen Schutz vor Schimmel, der sich sonst über die ganze Oberfläche ausbreiten würde, sondern auch Wärme, die im Inneren des gesalzenen Fleisches geschmacksbildende Vorgänge unterstützt. So bekommt der Speck sein feines Aroma.

Griebenschmalz – irgendwie ein Wort aus dem vorvorigen Jahrhundert. Und in der Tat verdankt diese Köstlichkeit ihre Entstehung dem aus der Mode gekommenen Bestreben, alles restlos zu verwerten und nichts verkommen zu lassen. Was also tat man, um auch die letzten übrig gebliebenen Speckbröckchen zu verwerten? Man ließ diesen Restespeck über dem Feuer aus. Damit nichts anbrennt, beginnt man bei kleiner Hitze und erhöht nur langsam die Temperatur. So löst sich das Fett aus dem Bindegewebe des Specks, das Wasser verdampft und die sogenannten Grieben (das Bindegewebe) werden im eigenen Fett gebräunt. Nach dem Bräunen lässt man das Schmalz zuerst auskühlen und mischt dann nach Geschmack etwas Salz dazu.

Die *Bratwurst* schließlich ist für mich die Spitzenwurst der Würste. Von Freunden, die lange im Ausland lebten, hörte ich auf die Frage, was ihnen denn fern der Heimat am meisten auf dem Teller fehle:»Dunkles Brot und gute Wurst, besonders Bratwurst.« Eine Bratwurst kann man aus den kleineren Fleischstücken und dem weichen Bauchspeck herstellen. Grundgewürze sind einmal mehr Salz und Pfeffer, aber verschiedenste europäische Regionen haben auch mit unterschiedlichen Kräutern und Gewürzen ihre Akzente gesetzt – die Bratwurst ist ein gekrümmter europäischer Kosmos. Da Bratwürste aus einem rohen, gewürzten Gemisch von magerem Fleisch und Fett bestehen, sind sie (es sei denn, man friert sie in kleinen Portionen ein) leicht verderblich und stets für den raschen Verzehr bestimmt.

Übrigens: Man sollte immer darauf achten, dass gefrorenes Fleisch oder Würste nie länger als drei Monate in der Tiefkühlung lagern, denn danach beginnen langsam negative Veränderungsprozesse.

Drei Warnrufe aus der Wirklichkeit

Was das Nachdenken – ich meine das tiefe, suchende Nachdenken über die Dinge des Lebens – anbelangt, gibt es mindestens zwei Wege oder Empfehlungen. Zum einen: Man muss sich ganz zurückziehen und alle Außeneinflüsse so weit wie irgend möglich abschalten. Sowohl die großen asiatischen Meister als auch die Kirchengrößen des europäischen Mittelalters empfahlen die totale Abgeschiedenheit, um mit sich und dem Weltganzen eins zu werden.

Und zum anderen: Man lässt alle Informationen auf sich einfließen, öffnet alle Schleusen und Kanäle. Gleichzeitig aber muss man schöpferisch mit dem Einströmenden umgehen, sich anregen lassen. Aus der Synergie vieler Ideen (aber kluge sollten schon nicht zu knapp darunter sein!) und aus den eigenen wird womöglich der Anlauf zu einem neuen Sprung, dessen Weite und Richtung überraschend sein kann.

Und manchmal – so jedenfalls erging es mir im Frühjahr 2009 – geschieht auch etwas Drittes: Man versucht mit aller Kraft, eine Frage in seinem Kopf umzuschichten. Man versucht es teils in sorgfältiger Abgeschiedenheit und teils im intensiven Ideenaustausch. Für mich ging es einmal mehr um eine der zentralen Fragen meiner letzten zwei Jahrzehnte: Was schulde ich dem Tier, in meinem Fall dem essbaren Nutztier? Was sich ereignete, waren drei warnende Zwischenrufe von außen. Sie kamen ungefragt und in sehr kurzer Folge nacheinander; und sie kamen so, dass es mir wie ein Stimmengewirr erschien, wie *ein* einziger wilder Zwischenruf zum Thema »wir und das Tier«.

Das waren die drei Rufe innerhalb von vier Frühlingswochen:

- das Monsanto-Schwein;
- die Schweinegrippe;
- der Weltagrarbericht, der Ihnen schon in der Einleitung vorgestellt wurde.

Am 16. April 2009, zwei Tage vor dem Herrmannsdorfer Schlachtfest – vermutlich dem letzten, das ich in dieser Weise selbst gestalten werde, schließlich werde ich bald achtzig Jahre alt –, wurde wieder einmal eine Sau durch den Pressewald getrieben. Das riss mich aus meinen Vorbereitungen. Die Sau wurde im Nu pressebekannt als das »Monsanto-Schwein«. Was war geschehen? Der US-Agrarkonzern Monsanto hatte – schon im Jahr 2004, wie die verblüffte Öffentlichkeit erfuhr – beim Europäischen Patentamt in München unter der Nummer 1651777 ein Schwein zum Patent angemeldet. Ja, Sie haben richtig gelesen: ein Schwein zum Patent angemeldet!

Das Patent wurde verkauft. Die neuen Besitzer, die US-Firma Newsham Choice Genetics, definiert den Patentgegenstand als ein Gen, welches das Schweinewachstum steigert.

Versuchen wir zu begreifen: Schweine mit diesem Gen sollen in selber Weise geistiges und materielles Konzerneigentum sein wie beispielsweise die Rechte an einer verbesserten Einspritzpumpe dem Ingenieur gehören, der sie entwickelt hat, oder demjenigen, an den er seine Rechte verkauft hat.

Die Turbomast – schon ein Normalschwein wird heute nicht älter als ein halbes Jahr – soll nochmals beschleunigt werden. Natürlich nicht zum Wohle des Schweins und auch nicht zum Wohle des fleischverzehrenden Menschen. Das Kalkül ist einfach: Ein genmanipuliertes Schwein, das noch schneller wächst als die nicht entsprechend manipulierten, wird den Markt zugunsten der Patentinhaber aufrollen, einfach deshalb, weil die Groß-Discounter dann das Kotelett nochmals ein paar Cent billiger anbieten können.

In München formierte sich bundesdeutscher Widerstand; bodenständige Bauern und sogar CSU-Politiker an deren Seite, Greenpeace-Aktivisten und eine Vielzahl besorgter Bürger füllten den Marienplatz, hielten Spruchbänder hoch –»Gruß an Frau Merkel, kein Patent auf Ferkel!«– und verwahrten sich gegen»Patente auf Leben«.

Im Falle des Newsham- alias Monsanto-Schweins ist die Situation noch absurder, als sie ein Komiker mit Hang zum Zynismus konstruieren könnte. Marc Widmann schrieb dazu in der *Süddeutschen Zeitung* (16. April 2009):»Beim jetzt diskutierten Schweine-Patent handelt es sich um eine Gensequenz. [...] Sie ist nicht im Labor geschaffen worden, sie steckt schon seit langer Zeit im Erbgut vieler Tiere. Alles, was Wissenschaftler getan haben, ist, sie aufzuspüren und ihre Funktion zu beschreiben. Patente setzen aber eine Erfindung voraus ...«

Man stelle sich vor, Wissenschaftler entdecken, dass eine bestimmte Variante von Brunnenkresse einen sehr wirksamen Anti-Krebswirkstoff enthält. Sie analysieren den genetischen Code der Pflanze und können schließlich sagen, welches Gen für die Produktion des nützlichen Wirkstoffes verantwortlich ist. Daraufhin erwerben sie ein Patent auf Brunnenkresse und setzen durch, dass die Pflanze – die *aus eigenem Vermögen* die neue, menschenlebenrettende Fähigkeit entwickelt hat – diese natürliche Hilfeleistung ausschließlich zum finanziellen Nutzen des Patenthalters entfalten darf.

Einige Tausend Patente auf genmanipulierte Pflanzen sind schon aktenkundig. Die Strategie ist klar: Die Agrarmultis wollen das Saatgeschäft weltweit kontrollieren, der strategisch angestrebte Verlust an Artenvielfalt ist ihr Gewinn. Das passiert keineswegs nur im Pflanzensektor. Monsanto soll derweil in den USA einen neuen Antrag auf Patentschutz für 260 000 Genvarianten beim Rind eingereicht haben – alle sollen Milchleistung und Zahl der Nachkommen beeinflussen können. Wenn diese Perversion – Entwicklungen der Natur als eigenes, als geschütztes Gebrauchsmuster zu requirieren – nicht gestoppt wird, würden die Schweine vollends von den Bauernhöfen verschwinden wie zuvor schon weitgehend die freilaufenden Hühner.

Ich hatte mir angesichts der globalen Finanzkrise Ende 2008 kaum vorstellen können, dass es einen perfideren Business-Trick geben kann, als Schulden, die erkennbar (!) unbezahlbar sind, an der Börse zu handeln – abgesichert durch Rating-Agenturen, die diesen Luftnummern gute Werthaltigkeit bescheinigten. Nun weiß ich, dass die Monsantos dieser Welt das, was sich Ende 2008 als Eigenheim-Kreditkrise anschlich, noch locker toppen können. Ihr Coup: Leben zur Ausbeutung des Lebens patentieren zu lassen und zu monopolisieren! Etwas, das ihnen nicht gehört – nämlich Genvarianten, die *natürlich* vorkommen – zu ihrem Besitz zu machen! Wer aus Konkurrenzgründen ebenfalls mitzüchten will beziehungsweise muss, der muss zahlen. Weil er das in aller Regel nicht kann – der Monopolanbieter kann schließlich Mondpreise verlangen –, fällt der Markt den wenigen Monopolinhabern zu.

Ich erinnere mich an einen Kalenderspruch (dessen Urheber mir leider nicht mehr einfällt), der sinngemäß so lautete: Als der erste Mensch ein Stück freies Land einzäunte und frech behauptete, dies sei nun seines, schufen nicht *er*, sondern *seine Nachbarn* faktisches Recht – indem sie nicht widersprachen. Ich fühle: Den Monsantos nicht zu widersprechen, hieße noch mehr. Es hieße, ihnen Recht und Naturrecht und die ganze Schöpfung zu überantworten.

Die Nachricht vom patentierten Schwein war noch nicht aus den Schlagzeilen, als bereits eine neue, größere und gröbere Sau durchs globale Dorf getrieben wurde. »Schweinegrippe schürt Angst vor der Pandemie«, titelte die *Süddeutsche Zeitung* am 27. April 2009. *Tagesschau* und *heute* färbten auf ihren Sichtbildern ganze Nationen und Kontinente rot ein – da, wo Infizierte oder gar Tote geortet wurden; Mexiko wurde zum Synonym für

die drohende Totalkatastrophe, die Pandemie; denn anders als
(bisher) bei der Vogelgrippe erwies sich das neue Virus als fähig,
den Ansteckungsweg zu dramatisieren. Der Schweinegrippeer-
reger sprang nicht nur vom Tier auf den Menschen über, sondern
die Mensch-Mensch-Ansteckung gehörte zur seiner Charakteris-
tik. Damit sei das Tor zur Pandemie offen, so die beunruhigende
Nachricht.

Was – so meine Wahrnehmung – nicht gesagt wurde: Experten der WHO (Weltgesundheitsorganisation) sagen seit Jahren,
dass es sehr wohl einen Zusammenhang zwischen Massentierhaltung und der Verbreitung von Infektionskrankheiten gibt;
genau diesen Zusammenhang versuchen die Massentierhalter
hartnäckig zu verwischen.

Die Zeichen mehrten sich, dass die Schweinegrippe nahe der
mexikanischen Kleinstadt La Gloria im Bundesstaat Veracruz
begann, einem Ort, in dem die Einwohner seit Jahren über die
Belästigungen (Gestank vor allem) durch achtzehn Riesen-
schweineställe mit insgesamt 15 000 Schweinen klagen. Der erste
nachgewiesene Schweinegrippefall bei einem Menschen betraf
einen Jungen, Edgar Hernández, der glücklicherweise schnell ge-
sundete. Die mexikanische Gesundheitsbehörde sah allerdings
keinen Zusammenhang zwischen der Großschweinerei in La
Gloria und dem Ausbruch des neuen Grippe-Erregers. Doch die
örtliche Grundschullehrerin Concepción Llorente stellte angesichts dieser »Beruhigung« die richtige Frage: Wenn Edgar weltweit der »Patient Null« war, also der erste Mensch mit Schweinegrippe überhaupt, dann bleibt die Frage, woher er sie hatte.

Wie schon bei der BSE-Epidemie, dem sogenannten »Rinder-
wahnsinn« (mit der latenten Drohung, auf den Menschen über-
zuspringen), kann man sich des Gefühls kaum erwehren, dass die
gequälte Kreatur zurückschlägt. Ich will keinem Obskurantismus
frönen, keinen metaphysischen »Racheengel der Kreatur« erfinden, der sich aus den Folterställen der Massentierhaltung auf-
schwingt und Menschen tötet. Nein, es ist viel banaler: Wir bege-

hen fahrlässige Selbsttötung. In dem Maße, wie wir fahrlässigen oder absichtsvoll-niederträchtigen Totschlag an der Natur begehen – und das mittlerweile im Weltmaßstab! –, geht es uns selbst an den Lebensnerv.

Das zeigte mir der dritte Warnruf, der mich erreichte, als die Bilder von Gesichtsmaskenträgern und überfüllten Gängen in Sub-Standard-Krankenhäusern immer noch die Nachrichten beherrschten. Anita Idel hielt Ende April 2009 in der Schweisfurth Stiftung einen Vortrag über den Weltagrarbericht (siehe Einleitung; Anita Idel ist Mitautorin des Berichts), der bereits 2008 der Öffentlichkeit vorgestellt wurde und eine einzige kalte Zahlen-Daten-Fakten-Dusche ist.

Während sich in Südasien die Zahl derer, die in Armut leben (das heißt nach offizieller Lesart: die weniger als zwei US-Dollar pro Tag und Kopf zur Verfügung haben) von 45 auf 30 Prozent der Gesamtbevölkerung in den letzten zwei Jahrzehnten verkleinert hat, ist die Ziffer in Subsahara-Afrika im gleichen Zeitraum bei rund 50 Prozent stehen geblieben. Die Basis für diese Bilanz ist einmal mehr der Boden: 1,9 Milliarden Hektar Land und 2,6 Milliarden Menschen sind heute von erheblicher Landverwüstung betroffen (»significant levels of land degradation«). Zwischen 1981 und 2003 ist ein Viertel der globalen Landmasse – auch wegen Klimaveränderungen, in der Hauptsache aber wegen brachialer Landbaumethoden – »degradiert, das heißt: die Ertragsfähigkeit hat sich verringert, oder die Flächen haben sich gar in Wüste verwandelt.« (*DIE ZEIT*, 7. Mai 2009)

70 Prozent der Wassermenge, die weltweit zur Bewässerung genommen wird, stammt aus Flüssen (vor fünfzig Jahren lag der Anteil noch bei rund 33 Prozent); in absoluten Zahlen ausgedrückt ist dieser Abzug fast unvorstellbar groß: derzeit 2700 Kubikkilometer, das entspricht einem Würfel mit einer Kantenlänge von 13,44 Kilometern. Diese übermäßige Bewässerung führt vielerorts zu erheblichen Versalzungsproblemen. Australien zum

Beispiel ist auf Gedeih und Verderb von der Bewässerungsleistung des Murray River im Südosten des Kontinents abhängig; die große Wasserader verdorrt und wird trotzdem weiter zur Ader gelassen, und parallel nimmt die Versalzung der beregneten Flächen von Jahr zu Jahr zu. Nur ein Beispiel von vielen, von viel zu vielen; ungefähr 1,6 Milliarden Menschen leben schon heute in Wassermangelgebieten.

Landwirtschaft ist für rund 60 Prozent des Methanausstoßes und 50 Prozent der Emission von Stickoxiden – beides treibhausrelevante Gase – verantwortlich. (Das klingt schon fast wie ein Freispruch für die Industrie. Dass die Anklage gegen die Kühe im Kern unfair ist, hat Anita Idel schon in der Einleitung belegt.) Bei dieser hohen Schädigung der Atmosphäre vergisst man leicht, was »moderne« Landwirtschaft hier unten anrichtet: Überdüngung zum Beispiel. Sie hat zu gigantischen Eutrophierungsproblemen geführt, das heißt zur Überbelastung von Gewässern mit Nährstoffen wie Phosphor- und Stickstoffverbindungen; ganze Küstenregionen und Seen sind bereits zu Todeszonen (»dead zones«) geworden. Grundwasservergiftung durch diverse Spritz-Cocktails und Verlust an Biodiversität durch endlose Anbauflächen werden immer gravierender.

Das ganze Ausmaß der Misere verschlimmert sich noch, wenn man den demographischen Faktor einbezieht. Nach Berechnung der Vereinten Nationen werden im Jahr 2030 rund 4,8 Milliarden Menschen in urbanen Regionen leben; die Mehrheit der Menschen wird also landfern leben, aber gleichwohl vom Land ernährt werden müssen. Bei weiterhin steigender Weltbevölkerung wird man im Jahr 2050 eine Milliarde Hektar *zusätzliches* Ackerland benötigen – eine Fläche größer als die der Vereinigten Staaten.

Woher nehmen? Dem Bedarf stehen dramatisch abnehmende landwirtschaftliche Nutzflächen gegenüber – die bedrohlichen Stichwörter sind: Bodenerosion und Vormarsch der Wüsten, Überbauung und Versiegelung von Flächen, Degradierung (Verschlechterung) der Böden, häufig durch die sogenannte »moderne« Landwirtschaft.

Es tut sich also eine Schere auf, und zwischen beiden Schneiden steckt unser Hals. Um die verbleibenden nutzbaren Böden wird es eine ruinöse Konkurrenz geben mit Folgewirkungen, die auf den ersten Blick gar nicht abschätzbar sind. Eine rapide ansteigende Nachfrage nach Milch und Fleisch wird dem Feldfruchtanbau die Böden streitig machen; der Preis für Mais und andere Körnerfrüchte wird folglich in die Höhe schnellen. Man bedenke: Man braucht derzeit ein Vielfaches an Kalorien aus pflanzlicher Herkunft, um eine Fleischkalorie (Rind oder Lamm) herzustellen.

Das Fazit: Die Landwirtschaftspolitik, die sich gern modern nennen lässt, hat die Lage der Bauern – transglobal gesehen – nicht verbessert, sondern dramatisch verschlimmert, sie hat den Hunger nicht besiegt, sondern ist dabei, flächendeckend Hungerlandschaften entstehen zu lassen. Diese Landwirtschaft kann nicht die Zukunft sein.

Das Trommelfeuer unerquicklicher Zahlen und Fakten ließe sich fortsetzen, intensivieren, variieren. Aber was wird es bewirken? Die immer noch fast allmächtige Lobby des Agrobusiness wird die alarmierenden Zahlen für sich in Anrechnung zu bringen wissen. Ihre von PR-Agenturen modulierten Lautsprecher werden tönen: »Ja, ja, völlig richtig, die Probleme sind da. Wir haben es vernommen, und wir haben die Lösung. Das Fleisch hat eine schlechte Energiebilanz? Völlig richtig! Wir brauchen noch mehr Kunstdünger zur Futtermittelproduktion ...vielleicht modernere Kunstdünger, die nicht ganz so viel Unheil anrichten, wir haben da schon ein Patent ... Fleisch hat eine schlechte Energiebilanz? Völlig richtig! Deshalb brauchen wir Monsanto-Schweine, -Kühe und -Hühner, die noch wirtschaftlicher Futter in Fleisch umsetzen. Die Böden sind ausgepumpt und werden umgebracht? Schlimm, schlimm! Wir brauchen Hochhäuser in Städten, sogenannte ›Sky-Farms‹, wo die Menschen neben und teils in Hochleistungstreibhäusern wohnen ... Lebensmittelproduktion ohne Bodenberührung.« Das wird sehr kuschelig sein, versichern entsprechende Prospekte. Alles geht. Und kann man nicht irgendwann atlantische Tiefausläufer und japanische Taifune so zähmen, einfangen und umleiten, dass sie sich da abregnen, wo gerade meistbietend für Regen bezahlt wird? Wenn Monsanto und Co. heute offenbar darangehen können, die Schöpfung zu monopolisieren, warum sollte es nicht gelingen, das Wetter zu monopolisieren? Regen nach Höchstgebot. Ein paar Tage lang sanften Landregen für Bayern? Kein Problem, unsere Preise finden Sie auf unserer Homepage. Regen für die Sahelzone? Bedaure: Kein Geld, kein Regen. Halt, nicht ganz: Marokko hat schon heute eine Staffel von zehn Flugzeugen, mit denen es den Nachbarn Wolken vorenthalten kann, die sich dann exklusiv im westlichsten Maghreb-Staat abregnen ...

Wir müssen damit rechnen, dass das Agrobusiness alle seine Mittel – und es sind gigantische Mittel – anwenden wird, um die rettenden Perspektiven zu diskreditieren, sie als ungangbar, unbezahlbar, neo-romantisch und so weiter zu verleumden. An »klein und nachhaltig«, an kurzen Wegen und regionaler Kreislaufwirtschaft können Multis nichts verdienen. Das Agrobusiness wird allen Alternativen entgegentreten, weil es bis zum »point of no return« noch satt verdienen möchte.

Sie meinen, ich sähe das zu überzogen? Aus mir spräche die Verbitterung eines Mannes, der das immer schon gesagt hat? Ich gebe zu, dass mich die Wut über eine Agrarkultur, die inzwischen mit Kultur weniger zu tun hat als Pornografie mit Aktmalerei, bisweilen dazu bringt, wie ein Bußprediger zu reden oder wie ein enttäuschter Liebhaber; ich liebe ja das Land und seine Kultur.

Ich habe – schon allein, um den Ruf nach den Qualitäten einer sorgfältigen Wissenschaft nicht ungehört verhallen zu lassen – die Darstellung des Ist-Zustandes einer Wissenschaftlerin übertragen (siehe Einleitung), die an der IAASTD-Studie maßgeblich mitgearbeitet hat. Das Credo dieser Studie: Auswege führen in keinem Fall an einer klein(er) dimensionierte(re)n Landwirtschaft vorbei, einer, die regional und nachhaltig ist und die keine Böden auslaugt. Selbsterzeugerlandwirtschaft in weiten Teilen der Erde ist ein zwingendes Gebot – besonders da, wo die Bevölkerung heute schon verhungert, weil aus Devisennot nicht für ihre Versorgung, sondern für den Weltmarkt angebaut wird. (Im Appell an den frisch gewählten Präsidenten der Vereinigten Staaten – siehe Seite 122 – ist davon eindrucksvoll die Rede.) Weil aus kleinräumiger, lokaler und nachhaltiger Landwirtschaft keine Milliarden-Dollar-Ströme zu generieren sind, wird das Agrobusiness alles aufzukaufen trachten – Politiker nicht zuletzt und am besten en gros –, was ihren Zugriff auf die Böden behindern könnte.

Wir in Mitteleuropa haben das Glück, dass unsere Böden nicht so leicht verletzlich sind wie in großen Teilen der Tropen und Subtropen. Gleichwohl, auch hier werden wir nur überlebensfähig bleiben, wenn die Böden nicht weiter degradieren. Die selbst verschuldeten Verhältnisse werden uns zu einer nachhaltigen Landwirtschaft zwingen, zu einer entgifteten, zu einer ohne tonnenschweres Gerät, ohne chemische Keule, ohne Rumfingern am Erbgut. Im Augenblick haben wir noch eine – wahrscheinlich nurmehr kurz bemessene – Frist, um freiwillig, geplant und klug in die richtige Richtung zu gehen. Wenn uns erst die nackte Not dazu zwingt, wird es einen ungeordneten, vielleicht chaotischen Aufbruch geben. Eine Stampede.

Ich müsste lügen – und das versuche ich nach Kräften zu unterlassen –, wenn ich behaupte, ich sei voller Zuversicht, dass die Menschheit die Kurve noch rechtzeitig kriegt, noch bevor es zu heftigsten Verwerfungen und zu transglobalen Hungermärschen kommt. In dieser Situation versuche ich – treu der chinesischen Weisheit, es sei besser eine Kerze anzuzünden, als über die Dunkelheit zu klagen – das kleine Licht, das wir mit unserer symbiotischen Landwirtschaft aufgesteckt haben, zum Leuchten zu bringen. Weil es ein Weg ist (merke: *ein* Weg, nicht *der* Weg), Fleisch mit höchstem Geschmacks- und Gesundheitswert verantwortlich zu erzeugen. Weil es ein Weg ist, der ländliche Kulturlandschaften rettet beziehungsweise zu ihnen zurückführt. Weil es ein Weg ist, der Böden nicht verbraucht, sondern aufbaut. Weil es ein Weg ist, der tierquälerische Tierhaltung erübrigt. Weil es ein Weg ist, der hilft, Artenvielfalt zu erhalten. Weil es ein Weg ist, der Genmanipulation so überflüssig macht, wie einen Satz zusätzlicher Schweineohren und eine Doppelschnauze (etwa mit der Begründung, Schweineohren und Schweineschnauzen verkaufen sich in China besonders gut).

Ich räume die Zeitungsausschnitte dieses Frühjahrs – Monsanto-Schwein, Schweinepest, Weltagrarbericht – erst einmal zur Seite und widme mich wieder den Konstruktionszeichnungen für unseren »Leuchtturm«: das Schlacht-Fest-Haus für jedermann. Es geht dabei auch um die Bezähmung und Kultivierung der »Fleischeslust«: besseres Fleisch, aber weniger! Und es geht ums Vorbeugen gegen künftige Seuchen, wie sie in Massentierställen erbrütet werden. Es geht also um die Wurst – im unmittelbaren und im übertragenen Sinne.

Am Anfang war der fleischverzehrende Mensch – oder etwa doch nicht?

Wenn man eine Botschaft hat und sie nicht für sich behält, gerät man unweigerlich in Gefahr, sich selbst zu zitieren. Man hört sich reden ... und manchmal, am besten, wenn einem keiner zuschaut, nickt man sich aufmunternd zu:»Ja, ja, ja ... das hast du schon tausendfach gesagt ... aber sag es lieber noch einmal, damit es nicht ein einziges Mal zu wenig gesagt worden ist!«

Kürzlich – und das traf mich passenderweise in einschlägig aufgewühlter Denkstimmung – erreichte mich ein Brief, der mit einem Zitat begann. Worte, die mich stutzen ließen:

»Der Genuss von Fleisch
ist etwas Besonderes,
nicht Alltägliches;
so war es früher,
so soll es wieder werden.«

Stimmt! Der Satz gefiel mir. Und erst beim Weiterlesen bemerkte ich, dass er aus einer Herrmannsdorfer Broschüre stammt, die ich vor einigen Jahren selbst verfasst hatte.

Ich las weiter und erfuhr, dass den Briefschreiber ähnliche Fragen umtreiben wie mich: Wie ist das mit dem fleischessenden Menschen, mit seiner»licence to kill«, mit seiner ererbten, biologischen und seiner kulturellen Mitgift, mit seiner – wie einige Kulturanthropologen sagen –»Prädestination zum Karnivoren«? Kurzum: Wie ist das mit unserer Vorbestimmung zum Fleisch(fr)esser? Sind wir durch den flachhirnigen Raubaffen, der noch in uns steckt, hinlänglich legitimiert, tierisches Eiweiß zu uns zu nehmen? Oder ist diese Erklärung (nicht doch eher: Ausrede?) ungefähr ebenso dumm wie die Einlassungen eines Totschlägers, der vor Gericht auf seinen keulenschwingenden, höhlenbewohnenden Urahn verweist und seine Untaten damit zu entschuldigen sucht, dass die menschliche Geschichte nun mal zu hohen Anteilen Kriegsgeschichte ist?

Ich las den sehr langen Brief zu Ende, las ihn nochmals, stieß auf Dinge, die mir aus der Seele geschrieben waren und auf andere, die eher Widerspruch anstießen. Es ergab sich ein Bild, das ich hier wiedergeben möchte, ohne den Anspruch zu erheben, damit in aller wissenschaftlichen Exaktheit die Menschwerdung des Affen rekonstruiert zu haben.

Es ist eine Tatsache, dass Fleisch in der Nahrungskette, also in der Aufeinanderfolge von Fressen und Gefressenwerden, »höher« rangiert als pflanzliche Nahrungsmittel. Der Hase frisst Klee, der Fuchs den Hasen, der Adler den Fuchs. Aber häufig ist, wenn von »höher« die Rede ist, auch etwas anderes gemeint als die Länge der Nahrungskette: Fleischliche Kost liefert Eiweiß, das den Aufbau unserer körpereigenen Proteine effizienter gestaltet, als es pflanzliches Eiweiß vermag.

Menschen haben das wohl schon intuitiv gewusst, ehe es wissenschaftliche Bestätigungen dafür gab; sie haben den Genuss von Fleisch immer schon als etwas Besonderes verstanden. Dafür gibt es so etwas wie einen »summarischen Beleg«: In den meisten Kulturen gilt fleischliche Kost auch heute noch gegenüber pflanzlicher als das Höherwertige und Erstrebenswerte. Ein vielen noch vertrauter sprachlicher Beleg aus unserem Kulturraum ist der »Sonntagsbraten« – an besonderen Tagen kam das Besondere auf den Tisch. Nur eine kleine Minderheit von Menschen verzichtete freiwillig auf den Genuss von Fleisch. Und wo es geschah, da meist nur befristet – die Fastengebote waren und sind ja mehrheitlich so konzipiert, dass man schon zu Beginn der Fastenzeit ihr Ende absehen kann.

Erst das moderne Industriesystem hat das Fleisch »ent-besondert«. Fleisch ist permanent und im Übermaß verfügbar. Dem Sonntagsbraten folgen die Montags-Currywurst, die Dienstags-Frikadelle, das Mittwochs-Schnitzel, der Donnerstags-Wurstteller, die Freitags-Spaghetti-Bolognese und das Samstags-Gulasch mit Tütenwürze. Fleisch ist in unserer Wahrnehmung nichts Höherwertiges mehr. Das sagen eben auch die Preise: Schnitzel zu Bagatellpreisen. Das traditionell Besondere ist auf die Stufe großer Alltäglichkeit gesunken. Und unser ganz banaler Fleischhunger wird derweil industriell und brutal abgefüttert.

Das spiegelt sich auch in der Werbung wider: Nicht das Getreide, sondern das Fleisch ist »ein Stück Lebenskraft«. Man will uns weismachen, dass uns ohne regelmäßigen, täglichen Fleischverzehr die Kraft zum Leben fehlt. Welch ein Schwachsinn! Humanmediziner sagen uns, dass so ziemlich das Gegenteil richtig ist. Fleisch, schlechtes Fleisch, im Übermaß verzehrt, tötet – und zwar nicht nur die unzähligen Schlachttiere, sondern auch uns.

Muss denn das so sein? Auf diese Frage erfolgt – das hat mich die Diskussion mit Anthropologen gelehrt – meist ein weiter gedanklicher Rückgriff, entlang der Frage: War das schon immer so? Und, falls es nicht immer so war, wie war der Mensch eigentlich »konzipiert«?

Der Mensch – und zwar nicht nur der Frühmensch, sondern auch der Mensch in seiner heutigen Entwicklungsstufe – ist nicht eindeutig »Pflanzenfresser« (Herbivore), aber schon gar nicht eindeutig »Fleischfresser« (Karnivore). Er ist vielmehr »Omnivore«, was wir wenig charmant, aber präzise mit »Allesfresser« übersetzen können. Wir können sowohl tierische als auch pflanzliche Kost zu uns nehmen und »aufschließen«. Diese Fertigkeit teilen wir beispielsweise mit den Schweinen und mit unseren Verwandten, den Menschenaffen. Vor allem Schimpansen sind omnivor; sie sind übrigens nach ihrer genetischen Ausstattung mit uns, dem anatomisch modernen Menschen, nicht nur am nächsten verwandt, sie sind mit uns auch *noch näher* verwandt als mit den übrigen Menschenaffen. Allerdings deuten jüngst in Äthiopien gefundene, 4,4 Millionen Jahre alte Knochen- und Zahnrelikte eines Wesens, das schon deutlich mehr Mensch als Affe war, in eine Richtung, die bisherige Theorien de facto auslöscht.

Bisher ging die Abstammungsforschung des Menschen davon aus, dass sich der schimpansenartige Waldaffe – vielleicht vor drei Millionen Jahren – in die Savanne begeben hat, dort den aufrechten Gang übte und ihn schließlich auch beherrschte. In der Savanne erst wurde er zum perfekten Dauerläufer und schließlich auch – irgendwann – zum Jäger großer Tiere. So die Lehrmeinung bis 2008.

Neuerdings sagt das Knochenorakel etwas anderes. Was Spezialisten aus der hartgebackenen äthiopischen Erde kratzten und was mit modernster Computer-Bildtechnologie zu einem Skelett zusammengesetzt wurde, zeigt ein – vom Kopf abgesehen – recht menschenähnliches Wesen, das trotz auffälliger Plattfüße schon gut aufrecht unterwegs gewesen sein muss (*Spiegel*, 5. Oktober 2009). Weit besser jedenfalls als die frühen Schimpansen, die bisher sehr viel höher in unserer *gemeinsamen* Stammesgeschichte angesiedelt waren. Gefallen ist seit kurzem die jahrzehntealte Überzeugung, dass der aufrechte Gang erst aufkam, als der Vormensch den Wald verließ; die Fertigkeit der Zweibeinigkeit, da sprechen die Knochen unmissverständlich Klartext, ist gut eine Million Jahre älter.

Und noch etwas ist hochinteressant, wenn nicht sogar sensationell: Der Mensch hatte schon weit früher ein »friedliches«, ein nicht »raubtierähnliches« Gebiss, als noch vor wenigen Jahren angenommen. Mithin, er war in seinem langen, langen Anlauf zum Homo sapiens deutlich pflanzenfresserisch(er) ausgeprägt als bisher angenommen. Seine Zähne eigneten sich nicht oder kaum zu Rangkämpfen, woraus die Frühzeitforscher folgern, dass er sich als Hordenwesen sozial und friedlich arrangiert haben muss.

»Gejagt hätten Ardi [so der wissenschaftliche Spitzname der fast viereinhalb Millionen Jahre alten Zeugin] und ihre Sippe [...] vermutlich kaum. Wahrscheinlicher sei, dass die Erdferkel [man fand viele Erdferkel-Knochen in der Nähe der Frühmenschenrelikte] ihnen direkt bei der Nahrungssuche behilflich waren« (*Spiegel*), etwa, indem sie mit ihren geeigneten Rüsselschnauzen den Boden aufgebrochen und so den Zugang zu eiweißreichen Termiten schafften.

Wenn wir Ardi und Co., die etwa 1,20 Meter großen Wald-Affenmenschen, »Allesfresser« nennen, ist das erklärungsbedürftig – der häufig gebrauchte Ausdruck ist nämlich ein wenig irreführend. Der Mensch ist (wie im Übrigen auch größtenteils die Menschenaffen) *nicht* rein-allesfresserisch. Gerade in puncto Pflanzenverzehr konzentriert er sich auf die gleichsam verdichteten Teile der Flora: Obstfrüchte, Körnerfrüchte, Hülsenfrüchte, Nüsse, Knollen oder Wurzeln. Blattwerk oder Gras dagegen – beides steht ja viel ausgedehnter und reichlicher zur Verfügung – sind ihm im wahrsten Sinne des Wortes verschlossen: Er kann es mit seinem Verdauungssystem nicht aufschließen. Gerade beim Pflanzenverzehr nehmen wir überwiegend Fruchtfleisch zu uns. Wahre »Schweine« wären wir nur, wenn wir Nüsse mit Schale und Gras mit Schnecken und Wurzeln mit Käferlarven verzehrten.

Unsere uralte »Fruchtfleisch-Präferenz« war womöglich kulturbildnerisch wichtiger als unsere Fleischvorliebe. Das lässt sich – so erklärte es mir ein befreundeter Tierarzt – ganz gut ex negativo erklären, also entlang der »Was-wäre-gewesen-wenn-Frage«: Hätte der Mensch einen Wiederkäuermagen oder einen Magen wie ein Pferd – wäre er also imstande, Gras oder generell pflanzliche Zellulose in körpereigene Wärme und Muskelkraft umzuwandeln –, dann wäre er in großen Herden durch Savanne, Steppe und Prärie geschweift. Und das sicherlich nicht aufrecht.

Das wichtige, womöglich Entscheidende: Als Großherdentiere hätten unsere Vorläufer nicht die menschentypische Kleingruppenprägung mitbekommen; und folglich hätte uns eine wichtige Voraussetzung für spätere Schritte die Kulturleiter aufwärts gefehlt. Daraus folgt wiederum: Unsere sehr, sehr weit zurückliegende Fixierung auf Fruchtfleisch hat uns in eine bestimmte Entwicklungsrichtung gestoßen. Natürlich haben Fruchtfleisch-Präferenz und Gruppenverhalten auch mit den Lebensräumen unserer unmittelbaren Vorfahren zu tun, nämlich mit dem Wald (wie wir seit kurzem wissen: den längst vergangenen Bergwäldern Äthiopiens), einem Habitat, in dem eine nach Tausenden zählende Population von Herdentieren undenkbar gewesen wäre. Etwa hier trennt sich die Frühmenschforschung in zwei Lager.

Einige Anthropologen meinen, in den großen baumarmen Ebenen, in die sich Ardis Nachfahren – einige Hunderttausend Jahre nach Beendigung ihrer Waldexistenz – begaben, hätte es anständigen Ersatz für die gute Versorgung in den Wäldern gegeben: riesige Tierherden, wie wir sie heute noch aus der Serengeti oder der Masai Mara kennen. Andere sagen: Halt, stopp! Diese Herden gab es zwar, aber es ist eine irrige Vorstellung, die Ex-Wäldler hätten sich einigermaßen abrupt von überwiegenden Vegetariern (auch im Wald werden sie schon Maden, Kleingetier, Eier, unflügge Vögel und diverse Insektenarten verzehrt haben) zu Fleischessern gewandelt. Dazu fehlte es ihm so ziemlich an allem. Vor allem an den Möglichkeiten, körperlich überlegene Savannenbewohner zu erbeuten.

Es erscheint zumindest einer starken Fraktion der Frühmenschforscher nach Lage der damaligen Dinge unmöglich, dass unser so gut wie waffenloser kleiner Vorfahre zu energetisch vertretbaren Bedingungen gejagt haben kann. Das Risiko, bei dieser Art von Nahrungsbeschaffung zu viel an Kalorien zu verausgaben oder gar selbst erbeutet zu werden, war viel zu hoch. Unter diesen Gesetzen – die Energiebilanz positiv *und* das Risiko klein zu halten – stand auch der afrikanische Noch-Affe beziehungsweise Schon-Mensch, von dem wir wissen, dass er noch zu keiner nennenswerten Waffenproduktion fähig war. Für eine Entwicklungszeit, die in Jahrmillionen zählt, waren die vorüberziehenden Fleischberge der Savanne schlichtweg unerreichbar – wohl mit der bescheidenen Ausnahme gelegentlichen Aasverzehrs. Das verfügbare Nahrungsangebot bestand, bevor der Mensch effiziente Abstandswaffen und das Feuer hatte, durchweg aus Zerealien, aus Knollen und Wurzeln. Mit seiner Greifhand war der Frühmensch recht gut für diese Art der Ernte ausgestattet.

Aber es brauchte noch eine andere unverzichtbare Grundausstattung. Zu Beginn des Verdauungsprozesses muss die Nahrung relativ gründlich gekaut, nicht nur grob zerkleinert werden. Und tatsächlich gab es eine physische Umstrukturierung, die im Wortsinne das härteste Faktum im Prozess der Menschwerdung darstellt, weil sie sich an den härtesten Teilen des Organismus vollzieht, nämlich an den Zähnen. Die Schneidezähne wurden ebenso wie die Reißzähne in den menschlichen Kieferknochen rückgebildet, die Prämolaren und die Molaren, also die eigentlichen Kauwerkzeuge, wurden stärker. Wie oben berichtet, weiß man seit Entdeckung und Präparierung der 4,4 Millionen Jahre alten Ardi-Zähne, dass schon die Vor- und Frühmenschen ein Gebiss hatten, das unserem sehr viel ähnlicher war als beispielsweise das der Schimpansen.

All das spricht dafür, dass sich der Mensch in dem langen Entwicklungszeitraum zum Homo sapiens ganz erheblich auf vegetarische Kost eingestellt hatte. Mit seinem umstrukturierten Gebiss ist unser Vorfahre schließlich nachweislich über die Menschenaffen hinausgewachsen, deren Gebiss lange und bis heute in Richtung Reißen, Schneiden, Zerren und Fleischverzehr wies und weist. Man wird also zumindest für die lange Frühphase der Menschwerdung – wir reden von vielen Hunderttausend Jahren vor Beginn der Steinzeit und vor der systematischen Feuernutzung – konstatieren können, dass Fleischverzehr keine wichtige Rolle gespielt hat.

Aber der Frühmensch hatte nicht nur neue Kauwerkzeuge ausgebildet. Der Kampf ums Dasein, vor allem das Sichbehaupten gegen überlegene Fressfeinde, hatte bei ihm ein Körperteil geschult, das sich, wie sich herausstellten sollte, unvergleichlich gut zur Verteidigung eignet: das Gehirn. Unser Vorfahr konnte den Verlust körpereigener Verteidigungswaffen wie Reiß- und Schneidezähne ganz gut durch Werkzeuge und nicht zuletzt durch Waffen kompensieren. Auch wenn es uns nicht passt: Die kulturelle Evolution begann mit der Evolution von Waffen, einer Entwicklung, die schließlich Obsidianklingen zum Schneiden und Speerspitzen zum Durchbohren hervorbrachte. Am Anfang stand nicht die Jagd, sondern die Verteidigung. Die systematische Beschaffung von tierischem Eiweiß – also die Jagd mit hohem Wirkungsgrad – gelang erst zu einem relativ späten Entwicklungszeitpunkt, als der Mensch das hochstrukturierte Gehirn schon hatte, von dem lange behauptet wurde, er hätte es nur durch hohen Input von tierischem Eiweiß ausbilden können.

Die menschliche Kreativität in Sachen Werkzeugbau und -gebrauch und mit ihr die einzigartige Idee, aus Obsidian oder vergleichbarem Stein verlässliche Schneidewerkzeuge zu fabrizieren, war – so die Einschätzung neuerer Forschung – nicht aus dem Bestreben geboren worden, Fleisch in den Magen zu bekommen. Indizien dafür lassen sich tatsächlich aus den Steinen lesen: Die ältesten, steinernen Hackmeißel, die zu den frühesten Steinzeitgeräten überhaupt zählen, weisen immer wieder Abnutzungsspuren auf, wie sie typischerweise eher von der Bearbeitung grobfaseriger Pflanzenteile herrühren als vom Durchtrennen und Zerschneiden tierischer Häute und Muskelfasern.

Mithin erweist sich das uns Heutigen geläufige Bild vom Vorzeit-Jäger als wohlfeiler Mythos. Älter als Speer und Steinbeil ist ein anderes Hilfsmittel: An Wurzeln und Knollen kommt man besser mit einem Grabstock – vermutlich eines der ersten Werkzeuge der Menschheitsgeschichte überhaupt. Und wo man die

Nahrung schließlich auch noch transportieren musste, trachtete man alsbald nach Transportbehältnissen aus Zweigen und grobfaserigem Blatt(flecht)werk. Technische Neuerungen dieser Art müssen stattgefunden haben, ohne dass den Technikerinnen und Technikern mehr Fleisch zur Verfügung gestanden hätte als zuvor schon den Affen, mit denen sie die Waldlandschaften geteilt hatten.

Die Essenz dieser Sicht der ganz frühen Dinge (ich habe sie, so gut mir das möglich ist, der populärwissenschaftlichen Berichterstattung entnommen) scheint mir zu sein, dass der Frühmensch *vornehmlich*, aber *nicht ausschließlich* Sammler war; dass der Mensch als »Omnivor mit vorherrschend vegetarischem Akzent« angelegt war, keineswegs als ein manischer Fleischesser, für den Pflanzliches nur Sättigungsbeilage war.

Den entscheidenden Anlauf zur Menschwerdung – und dazu zählen, wie wir wissen, ganz wesentlich die Ausbildung und die Verfeinerung seines Gehirns – schaffte er schon »auf pflanzlicher Basis«; Fleisch war in den entscheidenden Abschnitten auf dem Weg zum Homo sapiens selten und damit für die Stoffwechselbilanz zweitrangig.

Fleisch war das Besondere und nicht zuletzt deshalb auch das hoch Begehrte. Die zentrale Stellung der Jagd, wie sie sich uns noch heute in Höhlenmalereien von überwältigender Schönheit offenbart, stammt aus einer relativ späten Entwicklungsstufe; wer so genial zeichnen konnte, war schon ein »moderner« Mensch mit entwickeltem Gehirn. Er kann es nicht erst karnivorisch erworben haben.

Wenn wir das heute umkehren – Fleisch *muss*, alles andere *kann* –, dann straft uns der Körper ab, jener Körper, der immer noch im Wesentlichen der Omnivoren-Körper von damals ist. Übermäßiger Verzehr von Fleisch führt zur Erkrankung des Herzkreislaufsystems, das auf hohe Anteile an gesättigter Fettsäure empfindlich reagiert, begünstigt Darmkrebs, Arthritis, Übergewicht und Diabeteserkrankungen. Ernährungs- und Gesundheitsexperten empfehlen: pro Person nicht mehr als 300 Gramm rotes Fleisch pro Woche, das entspricht zwei kleinen Steaks.

Ich bin nicht arg wissenschaftsgläubig, aber es bestärkt mich, wenn immerhin einige Experten verschiedener Wissenschaftsdisziplinen – Anthropologie, Medizin, Agrar- und Ernährungswissenschaft – das bestätigen, was für mich persönlich und für eine gesündere Erde geboten ist: Weniger vom Guten ist mehr und besser!

Aber das Gute – so füge ich hinzu – sollte schon *wirklich* gut sein. Hervorragend in der Qualität, von unverfälschtem Geschmack, schadstofffrei, tier-ethisch verantwortlich produziert. Und gesund.

Der lange Weg zum Fleischtopf

Wir dürfen getrost unterstellen, dass die neuen, erweiterten Möglichkeiten der Fleischbeschaffung – Stichwort: Distanzwaffen, Pfeil und Bogen, Speere – gesteigerten Fleischkonsum mit sich brachten. Insofern dürfen wir davon ausgehen, dass der Mensch zu Anbeginn seiner Existenz deutlich mehr Fleischkost zu sich nahm, als es der langen Kette seiner Vorfahren möglich war. Aber auch dann – sehen wir mal von den hoch nördlichen Regionen der Erde ab – wurde die Jagd wohl nicht zur Haupt- oder gar Alleinstütze der Ernährung. Sie war allerdings effizienter, sie war nicht mehr so riskant wie vor der Erfindung von Distanzwaffen und Feuergebrauch (der vor nächtlichen Überfällen schützte!) und sie ließ sich gut mit der Sammlerei kombinieren. Die Frage zielt auch nicht auf ein Entweder-oder, auf »Steak oder Knolle«, sondern auf die Mengenverhältnisse. Wie der Speiseplan vor ein paar hunderttausend Jahren allerdings genau aussah, lässt sich nicht vollständig aus dem Dunkel der Vorgeschichte herausleuchten.

Interessant erscheint mir noch etwas anderes. So glauben Kulturanthropologen im Jägerberuf des Mannes etwas bis heute Wirksames entdeckt zu haben: ein spezifisch männliches Gruppenverhalten. Das nämlich soll eine Grundlage erfolgreicher Jagd gewesen sein. Es gab unter jagenden Männern wohl schon in grauer Vorzeit (und es gibt noch heute) eine Art kompromisslos zielgerichteter, pfeilgerader, ergebnisorientierter Kooperation, die ungeachtet persönlicher Sympathien und Antipathien wirksam war. Das ist nichts Schlechtes, sollte man meinen. Aber nur, wenn wir außer Acht lassen, was daraus alles wurde: das

Männerbündlerische zum Beispiel, die blinde, tumbe Kameraderie, auf die sich Feldherren von Alexander dem Großen bis Hitler gut verlassen konnten.

Wenn man heute von Frauen sagt, dass sie trotz Höchstqualifikation auf den hohen Stufen der Karriereleiter kleben bleiben und die Höchststufen nicht erreichen, weil ihnen das »Networking« abginge, dann ist – dieser Jägergen-Theorie zur Folge – ebenfalls eine prähistorische Befindlichkeit gemeint, die in die Gegenwart fortgeschleppt wurde: Frauen fehle der Korpsgeist der Jagdbande und damit auch jene Rückendeckung, die noch heute in den zeitgenössischen, männlichen Erfolgsmaximierungs-Horden funktioniert, auch wenn deren Individuen sich untereinander nicht riechen können.

Fleischbeschaffung, sprich Jagd, war demnach ein Trainingsplatz, der Männern über Äonen von Entwicklungsjahren relevante Vorsprünge verschafft hat. Dass Männer auch mithilfe kluger Jagdstrategien deutlich weniger zur Versorgung der Gruppen beitrugen als ihre pflanzensammelnden Frauen, verhinderte nicht die Etablierung des Patriarchats.

Einen grundlegenden Wandel der Speisepläne brachte erst die Sesshaftigkeit der streifenden Horden. Vor etwa zwölftausend Jahren kommt es im sogenannten »fruchtbaren Halbmond« – einer damals klimatisch begünstigten Region, die sich von der Levante über Südanatolien bis ins Zweistromland erstreckte – erstmals zu Frühformen von Ackerbau und Viehzucht. Diese sogenannte »Neolithische Revolution«, die jungsteinzeitliche Umwälzung, war eine Zeitenwende, wie es vergleichbare nur wenige in der Menschheitsentwicklung gab. Sie veränderte das Antlitz der Erde. Erstmals kommt es zur gezielten Nahrungsmittelproduktion, die schließlich das Wanderleben überflüssig machte; wobei man wohl davon ausgehen kann, dass im beschränkten Umfang von den entstehenden Siedlungen aus weiterhin gejagt und gesammelt wurde. Man darf nicht annehmen, dass die Experimente mit Aussaat und Aufzucht sowie der Gefangennahme von Tieren aus dem Stand heraus erfolgreich waren; eine Weile, deren Länge schwer abzuschätzen ist, werden Jagd und Sammeln noch neben der neuen »Vorort-Wirtschaft« existiert haben. Irgendwann war dann – vermutlich – der Erfolg der Teilzeitjäger, die dauernd zurück aufs Feld mussten, so gering, dass sich für Vollzeit-Jagdprofis wieder eine hinlänglich große Berufsnische öffnete.

Sesshaftigkeit erleichterte nicht zuletzt die Kinderaufzucht; es gab weniger »Verluste«. Das üppigere Nahrungsangebot, auch das fleischliche, führte dazu, dass die Frauen bei besserer Konstitution mehrere Geburten besser überstanden. Die Intervalle zwischen den Geburten verkürzten sich, das Bevölkerungswachstum kam sehr langsam, aber stetig in Gange, was wiederum der Agrarwirtschaft zugutekam. Und der Entwicklung von Sozialverbänden, denn mehr Menschen an einem Ort brauchten ein funktionierendes »Regierungssystem«.

Die Sesshaftigkeit verändert die Umwelt – und zwar umfassend. Wenn, wie zuvor, Gruppen von ein paar Dutzend Menschen ihren Lagerplatz wechselten, hinterließen sie kaum Spuren in der Natur und erst recht keine nennenswerten Umweltschäden. Wenn aber Hunderte oder gleich Tausende dauerhaft am gleichen Fleck wohnen, entstehen Probleme. Die hygienischen Probleme zum Beispiel: Epidemische Krankheiten hatten erst mit menschlicher Dichtbesiedlung ideale Ausbreitungsmöglichkeiten. Aber auch Bodenerosion gehörte schon zu den ganz frühen Menschheitsplagen, wobei es damals weniger der Ackerbau als der Raubbau an Wäldern war, der das Land entwertete. Es kam, wenn die Speicherkraft umliegender Wälder fehlte, zu Bodenauswaschungen und Verkarstung. Ausgrabungen in Ur, Babylon und Ninive lassen den Schluss zu, dass die Menschen Umweltkatastrophen schon lange kannten, bevor sie dafür diesen summarischen Begriff hatten; immer wieder stoßen die Ausgräber auf »kulturfreie« Schichten, die von entfesselten Flüssen überspült, dadurch aber gleichzeitig auch gedüngt wurden, so dass die Kultur nach längeren Pausen erneut Fuß fassen konnte. Tierhaltung wurde immer wichtiger, wobei man sich Haltung und Zucht wohl erst einmal getrennt vorstellen muss. Wahrscheinlich diente die Gefangennahme der Tiere anfangs nur der Fleischbevorratung; lebende Tiere lassen sich allemal leichter vorrätig halten als geschlachtete und zerlegte. Die Entdeckung, dass man mit Salz den Verwesungsprozess stoppen kann, ließ ja noch viele Generationen auf sich warten. Wenn dann im Laufe solcher Lebendtier-Vorratshaltung Junge zur Welt kamen, werden die Menschen das aufmerksam und freudig zur Kenntnis genommen haben. Tierzucht im Sinne des Wortes wird aus Beobachtung und Schlussfolgerungen entstanden sein, wie die meisten Lernschritte der Menschheit.

Ein entscheidender Fortschritt in Richtung Zucht ging mit Verzicht einher: Man musste die weiblichen Tiere vom Verzehr ausnehmen, um sie zur Nachwuchsbeschaffung zu nutzen. Man muss sich die schließlich erfolgreiche Gefangennahme und Zucht von Tieren als einen sehr, sehr langen Prozess vorstellen, mit vielen Rückschlägen und Totalausfällen – auf beiden Seiten. Aber schließlich werden scharfe Beobachter bemerkt haben, dass einige Väter besseren Nachwuchs zeugen als andere. Eine Basisentdeckung, auf der künftige Zuchterfolge fußen konnten.

Die lange Zeit noch sehr primitive und zufallsbehaftete Tierhaltung unterschied sich von der Jagd nur dadurch, dass sich die Fleischbeschaffung rundum und auf kurzem Weg komfortabler gestalten ließ als ehedem. Man brauchte nicht mehr die Fähigkeit von Fährtenlesern, kräftezehrende Hetzjagden erübrigten sich und das Risiko, als Jäger selbst Beute zu werden, musste nicht mehr eingegangen werden.

Das Fleisch in Reichweite blieb lange, was es war: naturbelassenes Bio-Fleisch. Es entstanden Haustiere, der Mensch wurde unwiderruflich zum tierhaltenden Landwirt. Aber auch das darf man sich nicht als eine ungebrochene Erfolgsgeschichte vorstellen: Knochenfunde belegen, dass erst in der Römerzeit Tiere, die aus unserer heutigen Sicht Bonsai-Kühe, -Pferde oder -Schweine waren, zu etwas eindrucksvolleren Formaten heranwuchsen.

Wir wissen, dass die systematische Tiernutzung zum Verzehr sehr viel früher einsetzte als die Tiernutzung zum Transport, zur Bodenbearbeitung oder zum Betrieb von Mühlen. Interessant ist in diesem Zusammenhang ein erschreckendes Detail: Sklavenhaltung – männliche Arbeitssklaven und weibliche Sexsklaven – ist deutlich älter als die systematische Nutzung und Ausbeute von Tierarbeit; das Menschenjoch ist älter als das hölzerne Tierjoch ...

Mit der neuen Allzeit-Verfügbarkeit der Tiere kam es zu einer Umwertung dieser nichtmenschlichen Subjekte. Und es kam zu einer Wertbestimmung, die den Jägern völlig fremd gewesen wäre. Selbst wenn wir attestieren müssen, dass frühe Jägerkulturen gebietsweise Tiere ausgerottet haben – in Nordamerika sind sie sehr wahrscheinlich für das Verschwinden des vorkolumbianischen Pferdes verantwortlich –, bleibt generell richtig, dass in der Weltanschauung der vormaligen Naturvölker Mensch und Tier ihren Platz auf gleicher Höhe in demselben Kosmos finden, sie sind Nachbarn; Mensch *und (!)* Tier sind beseelt. Mit der Neolithischen Revolution verliert das Tier jedoch zusehends an Seele. Was total beherrschbar ist, ist unfrei und nicht gleichwertig. Zudem ist es unangenehm, etwas zu schlachten, was eine Seele hat. Jäger mit Distanzwaffen taten sich da leichter, aber auch sie vollführten in unterschiedlichen Kulturkreisen »Entschuldungsrituale« und baten, das Tier möge seine Tötung verzeihen.

Die großen monotheistischen Religionen des Mittelmeerraumes – also Judentum, Christentum und Islam – haben die Tiere aus dem Himmel verbannt. Während im Polytheismus (etwa noch in der griechischen Hochkultur) Götter bisweilen auch tiergestaltig einherschritten, während noch Zeus höchst persönlich und brünstig in Stier- oder Schwanengestalt die Menschenfrauen seiner Wahl besprang, erkannte der Monotheismus *allein* im Menschen Gottes Ebenbild. Zwar gibt es in den heiligen Büchern vereinzelt Passagen, die man als tierfreundlich lesen kann: Mohammeds tiefe Liebe zu Katzen und Pferden etwa oder der christliche Topos des Guten Hirten. Aber das ändert nichts an der Kernaussage der heiligen Schriften: Die Kreatur hat untertänig zu sein. Das fällt mir immer zuerst ein, wenn ich das Wort »Sündenfall« höre. Das zweite, was mir einfällt, ist die Sünde der Völlerei.

In den ganz frühen (vorschriftlichen) bäuerlichen Kulturen gab es sehr wahrscheinlich noch keine herrschenden Schichten, die sich Völlerei leisten konnten; und »leisten« heißt nicht zuletzt, sie gegen andere Menschen gewaltsam durchzusetzen. Es ist aber andererseits auch nicht zu bestreiten, dass die Unterwerfung der Tiere – die man bis heute euphemistisch »Domestikation« und »Verhäuslichung« nennt – den Zugriff auf Fleisch von Grund auf erleichtert hat. Viehhaltung im Alltag war qualitativ etwas anderes als die Abhängigkeit von Schicksal und Glück, die noch für Jäger galt.

Trotzdem, das sagen uns die Erforscher früher Kulturen, kann man nicht davon ausgehen, dass die Fleischtöpfe zuverlässig und unangefochten überquollen. Schon gar nicht für alle. Es entwickelten sich peu à peu Herrschaftsstrukturen mit Subalternbeamten, Verwaltung und Militär. Herrschende reservierten von jeher den Luxus für sich, und zum Luxus gehörte ganz deutlich auch Fleischverzehr: in jeder Form, in jeder Menge und zu jeder Zeit. Fleischgenuss wurde zum Statussymbol: »Ich fresse, also bin ich ... etwas Besonderes.« Hirsebrei fürs Volk, Braten für geistliche und weltliche Herrschaften.

Für Herdenbesitzer, die sich nicht räumlich banden, war etwas anderes wesentlich: Zahme Tiere konnte man als Proviant mitnehmen, etwa bei Raubzügen oder klimabedingten Wanderungen. Und solange die Tiere lebten, stellte sich das Problem der Vorratshaltung beziehungsweise Verderblichkeit nicht.

Der Kampf gegen die Mikro-Mitesser

Man kann es immer wieder in Artikeln zum Thema Gesundheit oder Diäten nachlesen: Der Heißhunger, der natürliche Feind jeder Gewichtsreduktionsdiät, ist so etwas wie ein evolutionäres Erbe. Der nackte Affe war – ähnlich wie vierbeinige Raubtiere am Riss – darauf angewiesen, von erbeuteten Tieren so viel wie möglich zu verschlingen, sozusagen im Wettlauf mit den Mikroben, die die Fäulnis brachten. Und wir können mit Fug und Recht behaupten, dass der Kampf gegen Bakterien, Viren, Pilze und andere genauso existenziell war wie der gegen die großen Säugetiere, gegen Mammuts und Säbelzahntiger.

Dieser Kampf war unspektakulärer, aber gleichwohl kulturbildend; er wurde menschheitsgeschichtlich immens wichtig. Er brachte die Menschen etwa dazu, Konservierungstechniken zu erdenken, und zählen wir nur die wichtigsten auf, so fallen uns Feuer ein, Rauch, Kälte (später bei uns Tiefkühltechnik), Salz, Konservierung durch Luftabschluss (Dosentechnologie) und Trocknung.

Im oberen Ötztal, kurz vor Talschluss, kann man sich von einheimischen Führern einen großen, freistehenden Felsbrocken zeigen lassen, unter dem – das belegen Knochen- und Werkzeugfunde – die Zeitgenossen Ötzis vor rund 5300 Jahren Unterschlupf gesucht und vermutlich auch zeitweilig fest Quartier bezogen haben. Das vielleicht Interessanteste, was Forscher hier zutage förderten: Im Untergrund der Wohnnische findet sich, zugänglich durch Grifföffnungen, ein Geschlängel von kleinen Kammern und Gängen – etwas, das von Altertumsforschern als natürlicher Kühlschrank gedeutet wird. Der beständige Luftzug in Verbindung mit Feuchtigkeitsschutz hat dort einen Lufttrocknungseffekt bewirkt. Man darf sich also vorstellen, dass die effizienten Alpenjäger der Bronzezeit hier luftgetrocknetes Fleisch vorrätig gehalten haben.

Trocknung, auch in ihrer archaischen Form ohne nennenswerte Hilfsmittel, ist nichts anderes als Feuchtigkeitsentzug. Im getrockneten Zustand bieten organische Stoffe, Fleisch vor allem, ein weit schlechteres Milieu für »Zersetzer« aller Art als im feuchten Zustand. So archaisch uns diese Konservierungsmethode auch erscheinen mag, sie hat noch heute hohe wirtschaftliche Bedeutung. Um dafür nur eine Belegzahl zu nennen: Allein im Jahr 2007 wurden 9,5 Millionen (luftgetrocknete) Parmaschinken in den Handel gebracht.

Wie das Beispiel der Ötztaler Speisekammer zeigt, darf man davon ausgehen, dass die konservierende Wirkung von Lufttrocknung schon in einer frühen Phase der menschlichen Kulturentwicklung bekannt war. An den Meeresküsten war es die Stock- oder Klippfisch-Präparationstechnik, die bereits früh verbreitet war: Man hing ausgeweideten Fisch an diverse Gestelle (bei Klippfisch wurden vorgesalzene Fische verwendet) und ließ den (möglichst trockenen) Seewind die Arbeit verrichten. Weltpolitische Bedeutung bekam diese Speise in der Zeit der ersten großen Transatlantikreisen, denn dafür brauchte man unverderbliche Lebensmittel – und Stockfisch war relativ billig und lange vorrätig zu halten. In den bewegten Berichten der Kap-Hoorn-Umsegler finden sich immer wieder Klagen der Art, dass das Stockfisch-Einerlei schlimmer war als die mörderische See an der Südspitze Amerikas …

Aber auch an Land machte Stockfisch Karriere. In Zeiten, in denen man die leichtverderblichen Seefische nicht zeitig genug ins Hinterland bringen konnte, war luftgetrocknete Ware sehr gefragt. Lübeck wurde reich, weil die Stadt im 14. und 15. Jahrhundert ein Stockfisch-Handelsmonopol hatte und über längere Zeit erfolgreich verteidigen konnte.

Die andere, womöglich noch wichtigere Konservierungstechnik der Frühzeit basierte auf Salz. Damals gab es zwingende Gründe, Fleischvieh am Ende der Vegetationsperiode zu schlachten; die Möglichkeiten, die Tiere über den Winter zu füttern, waren für die Bauern über die Jahrhunderte – eigentlich noch bis weit ins 19. Jahrhundert hinein – nur begrenzt möglich. Das Pökeln mit Salz war nun der Passepartout-Schlüssel zur Ganzjahresversorgung mit tierischem Eiweiß. Die allerersten Anfänge datieren Historiker bis in die Jungsteinzeit zurück. In den Alpen weisen uns Namen wie Hallein, Hall in Tirol und Hallstatt noch heute auf Lagerstätten und Handelszentren hin, die sich mit dem Salz verbinden.

Lüneburg mit seinen ergiebigen Salinen – vor allem den leicht zugänglichen, oberflächennahen Lagerstätten – ermöglichte zeitweise die Gesamtversorgung der Ostsee-Anrainer mit dem »weißen Gold«. Salztransporte entlang besonders ausgebauter Kanäle mit Treidelpfaden und über militärisch gesicherte Fernstraßen gehörten zur mittelalterlichen und auch noch zur frühneuzeitlichen Infrastruktur. Brückenzoll bescherte Reichtum – besonders, wenn es um das unverzichtbare Salz ging. Wobei schon bald Salz nicht mehr gleich Salz war. Das Lüneburger Salz bekam durch billiges, sogenanntes Baiensalz (überwiegend aus spanischen Salinen) Konkurrenz; dieses Meersalz war trotz (damals) minderer Qualität gegenüber dem Bergsalz und trotz langer Transportwege konkurrenzfähig. Die Salz-Pferdetransporte waren wohl die ersten Schwerlaster Europas, und der Bau geeigneter Salztransportschiffe für die großen Flüsse erforderte beachtliche Schiffsbaukunst: Die Schuten mussten flachbäuchig und trotzdem manövrierfähig sein.

Wie so oft in der Geschichte verdienten am Salz nicht in erster Linie die Hersteller, sondern vielmehr die Händler. Salzhändler in Krakau, Lübeck, München, Lüneburg und Venedig wurden steinreich. Und auch die Herrschaftshäuser sicherten sich durch Salzsteuer, Monopolaneignung und nicht selten durch militärische Gewalt ihren Anteil – oder das, was sie dafür hielten. Ohne Salz und den Zugriff darauf war offenbar kein Staat zu machen.

Noch in der Negation wird das deutlich: Das Königreich Neapel hatte keinerlei Zugriff auf eigene Salzvorkommen, aber auch wenig Neigung, die Wucherpreise umliegender Reiche und Lieferanten zu zahlen. Man deckte seinen Bedarf jahrhundertelang mithilfe von Salzkarawanen, die den geschätzten Stoff von den großen Salzseen Tibets abholten, also vom denkbar entlegenen Dach der Welt. Die Säcke wechselten dabei die Tierrücken: Yaks, Pferde und sogar Ziegen und Schafe trugen sie über Land bis in jene Häfen, auf die Neapel sicheren Zugriff hatte. Und wer eine Weltgeschichte des Schmuggels schreiben wollte, sollte ein überlanges Kapitel über Salz einfügen …

Ein weiterer Quantensprung in der Konservierungstechnik war das Einkochen. Erhitzen (Abtöten von Bakterien und »Zersetzern«) und anschließender Luftabschluss bieten sehr weitgehenden und lang wirkenden Schutz vor Verderbnis. Der Vater des »Konservierens neuer Prägung« dachte allerdings in Glas: Der Pariser Konditor Nicolas Appert konservierte Süßwaren in Flaschen, die er erhitzte und luftdicht verschloss. 1804 gründete er zu diesem Zweck die weltweit erste Konservierungsfabrik.

Nur wenig später, 1810, experimentierte der britische Kaufmann Peter Durand mit Blechkanistern und schlug so den Weg zur Konservendose ein. Schon 1813 begann die erste Konservenfabrik auf Blechbasis ihre Produktion, überwiegend zur Versorgung der britischen Armee: Die Rotröcke, die entscheidenden Anteil daran hatten, Napoleon vom Kontinent zu vertreiben, trugen Dosen und Dosenöffner im Marschgepäck. Allerdings starben Soldaten bei diesem Siegeszug nicht nur durch feindliche Einwirkung – es gab auch frühe Opfer der frühen Dose. Konservendosen wurden anfangs bleiverlötet, um sie luftdicht abzuschließen. So vermutet man heute, dass auch die Expeditionsteilnehmer um den Briten Sir John Franklin – man nährte sich auf Expeditionen exzessiv aus Dosen – nicht, wie lange angenommen, im arktischen Eis erfroren oder verhungerten, sondern an einer Bleivergiftung starben. Und man darf ebenfalls vermuten, dass eine große Zahl unidentifizierter Todesursachen der bleiernen Dosenzeit anzulasten ist.

Heute packt man so ziemlich alles in (gesundheitlich unbedenkliche) Dosen: Obst, Gemüse, Hülsenfrüchte, aber auch Sardinen, Makrelen, Heringe und Corned Beef. Ferner Wurst, Pasteten und diverse Fertiggerichte. Die »moderne Dosentechnik« garantiert Aroma und Vitaminkonstanz über längere Zeiträume.

Starke Konkurrenz erwuchs der Dose in den vergangenen Jahrzehnten von der Tiefkühltruhe. Aber auch die Konservierung durch Kälte ist so neu nicht. Zumindest nicht, was das Prinzip anbelangt. Schon im alten Rom sollen Sklaven Eis aus den Albaner Bergen geholt haben; sicherlich nicht nur, um es mit Früchten vermischt den Reichen und Herrschenden zu offerieren, sondern wohl auch, um Verderbliches länger frisch halten zu können. Und noch um die vorvorige Jahrhundertwende gab es in vielen Dörfern – vorzugsweise in solchen, die Teiche oder Seen in der Nähe hatten – sogenannte Eiskeller (und vereinzelt gibt es sie auch heute noch). Man sägte im Hochwinter oder lieber noch im Spätwinter große Eisblöcke aus der Eisdecke über Teichen oder Seen und fuhr oder schlitterte sie in kommunale Keller, die gern in Hügel oder Bergrücken getrieben wurden. Gut isoliert hielten sich die Kühlquader bis weit in den nächsten Sommer hinein – idealerweise so lange, bis neuer Eisnachschub möglich war.

Ich lebe in Herrmannsdorf übrigens im »Eishaus«, nachdem ich es sorgfältig und nach ökologischen Grundsätzen umgebaut habe. Die dicken Außenwände isolieren auch heute noch gut und bescheren uns ein gutes Wohlfühl-Klima im Sommer wie im Winter.

Und nun?

Natürlich zählen die Konservierungstechniken – von der Lufttrocknung bis zur Tiefkühlung – zu den großen, zu den kultur-
bildenden Entdeckungen und Erfindungen der Menschheit. Das
bleibt richtig und unstrittig, auch wenn man sich vergegenwärtigt, dass unsere (westliche) Fleischvöllerei ohne diese Basis-
erfindungen nicht möglich wäre und dass Adipositas, also
krankhafte Fettleibigkeit, auch etwas mit Kühlketten und Zello-
phan-Verpackungstechnik zu tun hat.

Nur ein harmloser romantischer Träumer kann annehmen
oder sich wünschen, dass Errungenschaften in puncto Haltbarkeit und Hygiene wieder vergessen werden.

Und nur ein harmloser romantischer Träumer wird erwarten,
dass sich der auf den Abgrund zulaufende Kurs der globalen
Landwirtschaft problemlos umsteuern ließe.

Ich bin ein Träumer. Allerdings kein romantischer und harmloser. Mein Traum bekommt gerade ein Gerüst. Schon bald wird
hoffentlich ein erstes Schlacht-Fest-Haus errichtet. Der alternative Nobelpreisträger Ibrahim Abouleish plant es in Sekem nord-
östlich von Kairo, um den Tieren den langen, leidigen Weg ins
Schlachthaus zu ersparen. Es bildet sozusagen das Dach einer
Idee, die mit ethisch verantwortlicher, tiergemäßer, konsequent
qualitätsorientierter Tierhaltung beginnt, sich als symbiotische
Landwirtschaft entfaltet und ihre handwerkliche und soziale
Gestalt in eben diesen Schlacht-Fest-Häusern für jedermann
erfährt. Wir sind diesen Schritt schuldig.

Wir sind es uns schuldig, aber auch den Tieren, und dann wiederum auch den Menschen der Zukunft, die – und das sagen

wirklich nicht nur die Auguren – die ruinöse Konkurrenz »Menschennahrung versus Tiernahrung« nicht mehr überleben können. Um das zu erklären, bedarf es eines kleinen abschließenden Anlaufs, eines Blickes auf das, was Nutztiere können. Und auf das, was wir sie künftig können lassen sollten.

Rinder sind wunderbare Lebewesen. Sie fressen Gras und Heu, das wir Menschen nicht essen können, und machen daraus Milch und Fleisch für uns. Das können sie unter anderem deshalb, weil sie – im Gegensatz zu Mensch und Schwein – fünf Mägen haben und das Futter »wiederkäuen«. Respekt. Dafür müssten wir sie jeden Morgen aufs Maul küssen!

Wir unersättlichen Menschen wollen aber mehr aus der Kuh herausholen, 4000 Liter Milch pro Jahr genügen uns nicht. Wissenschaft und Technik helfen uns dabei. So werden Rinder immer mehr hochgezüchtet und spezialisiert. Wir stopfen sowohl die Milchkühe als auch die Mastrinder immer mehr mit hochwertigem Getreide, Mais und Soja voll – Produkte, die eigentlich wertvolle Nahrung für uns Menschen sind und die vermehrt aus fernen Ländern herantransportiert werden müssen. So haben wir das Rind vom genügsamen Fresser zum Hochleistungs-Klimakiller gemacht. Und nun beschimpfen wir die methanrülpsenden und -pupsenden Rinder als Klimakiller Nummer eins.

Schweine waren bis in unsere Zeit überwiegend Abfallverwerter. Sie fraßen aus den Haushaltungen und den Wirtshäusern das, was übrig blieb. Das ist heute aus hygienischen Gründen verboten und gilt als unzumutbar. So landet viel Essen im Müll.

Heute fressen unsere Schweine fast ausschließlich Getreide, Mais und Soja aus südlichen Ländern, Futter, das zudem immer mehr gentechnisch verändert ist. »Unsere Schweine stehen am Rio de la Plata« – diesen Spruch habe ich bereits vor etlichen Jahrzehnten gehört. Den Tieren fehlt das frische Grün von Gras, Klee und anderen jungen Pflanzen, die sie auf der Weide finden und in wertvolle Fette umwandeln. Denn so entstehen die wichtigen ungesättigten und essentiellen Fettsäuren – wie die Omega-3-Fettsäure –, die der Mensch selbst nicht bilden kann und die durch das geänderte Fütterverhalten bei Stallschweinen immer mehr verloren gegangen sind. Jetzt erklären wir tierische Fette als schädlich für unsere Gesundheit und unser Wohlbefinden, und das stimmt ja auch, wenn man die armen Stall-Turboschweine betrachtet. Schuld sind allerdings nicht die Tiere, sondern die Menschen.

Bei der einseitigen Fütterung sind dann teure, meist synthetische Zusatz- und Ergänzungsstoffe notwendig, um das bei Weidehaltung natürlich Vorhandene künstlich zu ersetzten. Schweine sind bekanntlich Erdtiere. Sie finden Lebendiges im gut durchwachsenen und gut durchlüfteten Boden, was wir ihnen im Stall so nicht geben können. Bei richtiger Weidehaltung hingegen finden die Schweine in den Hecken, auf der Weide und im Boden für sie – und letztlich auch für uns – lebensnotwendige Nahrung. Wieso lebensnotwendig für uns? Mit jedem Kilogramm Futter, das sie so finden, reduzieren sie den Anteil an wertvollem verfütterten Getreide und befreien sich – und uns – aus einer ruinösen Tier-Mensch-Futterkonkurrenz. Die Art, wie sich Schweine ernähren, hat also durchaus mit dem Überleben der wachsenden Menschheit auf der Erde zu tun. Dafür müssten wir Weideschweine jeden Morgen auf den Rüssel küssen.

Hühner waren früher auf den Bauernhöfen wertvolle Selbstversorger. Sie fanden auf und um den berühmten Misthaufen ihre Grundnahrung und bekamen dazu gelegentlich ein paar Körner extra. So wandelten sie buchstäblich Mist und ein paar Körner in Eier um und ab und zu in einen Sonntagsbraten. Was für wunderbare Tiere! Dafür müssten wir Hühner jeden Morgen den Schnabel küssen.

Was haben wir bloß mit den wunderbaren Tieren gemacht? Wir stecken sie in Käfige und stopfen sie mit wertvollem Getreide und allerlei Zusätzen voll. Und wir bilden uns ein, so »produzierte« Eier und so produziertes Hähnchenfleisch seien ein gutes und lebensförderndes Lebensmittel für uns. Ist das eigentlich intelligent, was wir da tun? Wir Menschen und all die bäuerlichen Nutztiere, die wir unsichtbar und in riesigen Herden hinter uns herziehen, fressen gemeinsam die Erde kahl. Ist es eigentlich intelligent, so viel Arbeit aufzuwenden, um die Tiere in Ställen zu halten? Wir arbeiten wie moderne Sklaven oder lassen Maschinen für uns arbeiten, die wir durch Arbeit verdienen müssen. Wir wenden immer mehr Energie auf, die wir durch Arbeit bezahlen müssen. Wir bauen mit viel Aufwand Getreide an, das wir ernten, lagern und transportieren müssen, um die Tiere täglich zu füttern. Wir räumen den Mist weg, lagern ihn und transportieren ihn aufs Feld zurück. So werden Bauern immer mehr zu Maschinenwirten und Transportunternehmern.

Tiere können, wenn es richtig und vernünftig gemacht wird, dem Bauern viel Arbeit abnehmen. Schweine sind die besten Landarbeiter, sie sind fleißig und genügsam. Sie ernten selbst und pflügen den Boden (und fressen kein Erdöl). Hühner sind ganz wichtige Mitarbeiter in der symbiotischen Landwirtschaft. Sie picken unermüdlich und fressen Parasiten, Fliegen und Larven und übernehmen die Körperpflege bei den Schweinen. Und sie verlangen dafür keinen Lohn.

Aber die Tiere in der symbiotischen Landwirtschaft können uns nicht nur Arbeit abnehmen, sie belohnen uns am Ende sogar noch mit gutem Geschmack – einem Geschmack, den ihre Artgenossen aus der Massenstallhaltung nie erreichen können.

So bekommt die Weidehaltung unserer bäuerlichen Nutztiere, möglichst in Form der symbiotischen Landwirtschaft, – einen ganz neuen, bisher kaum beachteten Stellenwert. Reiche Polykulturen anstelle von armen Monokulturen folgen den Grundregeln der Natur. Jedes Teil in der Symbiose hat seine – oft unsichtbare – Aufgabe, jedes nützt dem Ganzen und stärkt das Ganze.

Wir müssen über die bisher allgemein üblichen Maßstäbe von

Effizienz, Kosten und Preisen hinausdenken. Hauptsache schnell, Hauptsache viel, Hauptsache billig: Das kann und wird nicht mehr alleiniger Wertmesser für die Zukunft sein. Wir müssen alle miteinander noch viel lernen, beobachten und erforschen, wir müssen viel nachdenken, um diese neuen, umfassenderen Wertmaßstäbe zu erkennen und richtig zu bewerten.

Wenn Sie mir bis hierher gefolgt sind – ich nehme an: interessiert, aber vermutlich auch zweifelnd und skeptisch –, dann gehen beziehungsweise blättern Sie doch bitte noch etwas weiter. Im Folgekapitel habe ich gemeinsam mit Günter Postler und Sven Lindauer zusammengestellt, wie der Weg von der fleischlichen Neustart-Idee beschritten werden kann. Schritt für Schritt, Kostenpunkt für Kostenpunkt, und unter Beachtung aller bürokratischen Stolpersteine.

Mein Verleger sagt mir: »Wir sollten uns jetzt eine gute Auflage wünschen, nicht wahr, Herr Schweisfurth!« Gut, das auch. Ich wünsche mir allerdings vorrangig, dass möglichst viele den Mut finden, ihren besseren Einsichten zu folgen. Dass sie den Konjunktiv streichen, nicht länger »man könnte, sollte, müsste eigentlich« sagen, sondern »ich kann« und »ich werde«.

Fleischessen muss keine fleischliche Sünde sein. Es geht auch anders. Besser. Lassen Sie es sich auf der Zunge zergehen und sagen Sie dann: Ja.

Symbiotische Landwirtschaft – so wird es gemacht

Und nun möchten Günter Postler und ich mit Ihnen, wenn Sie Lust und Mut zum praktischen Handeln bekommen haben, eine symbiotische Landwirtschaft konzipieren und einrichten. Nehmen wir an, Sie (beziehungsweise Sie und ein paar Freunde) haben irgendwo an einem schönen Platz eine kleine Hofstelle mit vier Hektar Land gefunden. Dann können Sie loslegen: Um die Gedanken zu ordnen und zu präzisieren, was man will und wie man es machen will, braucht es erst einmal Papier. Skizzen, Zeichnungen und Beschreibungen geben ein erstes Bild von der Wirklichkeit, die entstehen soll. Wir haben in Herrmannsdorf

Grafik 1 **System des Grobaufbaues als Agro-Forst-System: Wald, Wiese, Weide**

| ② | Hecke (Wald) | Grünlandstreifen (Wiese) mit oder ohne Streuobst |

immer auf diese Weise schriftlich vorstrukturiert; man erspart sich so die Phase, in der Gedanken unproduktiv zu kreisen beginnen.

Zur Anlage einer symbiotischen Landwirtschaft eignen sich vorhandene Streuobstwiesen, kleingliedrige Parzellen mit Hecken, Waldränder oder völlig freie Flächen. Flächen mit schon bestehendem Strauch- und Baumbewuchs haben den Vorteil gegenüber Kahlflächen, dass schon ein gewisser Schutz und auch Futter vorhanden ist und man nicht extra in Bäume und Sträucher investieren muss. Wer buchstäblich baum- und strauchlos startet, muss noch ein paar Jahre warten, bis die Jungpflanzen zu einer wirklichen Hecke herangewachsen sind.

Grafik 1 zeigt den Grobaufbau einer symbiotischen Landwirtschaft. Die Gesamtanlage kann unterschiedlich groß konzipiert sein, folgt aber zweckmäßigerweise immer diesem Aufbau, der einfache Bewirtschaftung möglich macht (Grafiken 2 und 3). Rechts und links des Wirtschaftsweges können, unterschiedlich

① fester Außenzaun
② leicht zu mähender Grünstreifen
③ Elektrozaun (wenn Schweine im Bereich sind)
④ Hecke (den Waldrand simulieren)
⑤ Grünlandstreifen / Streuobstwiese (Wiese)
⑥ Ackerstreifen (Weide)
⑦ Wirtschaftsweg
⑧ mobile Hütte
⑨ Futterkiste

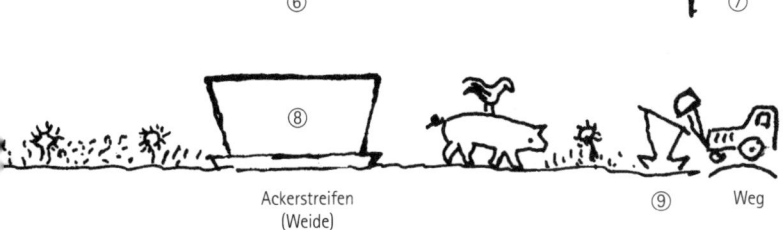

Ackerstreifen (Weide) ⑨ Weg

Grafik 2   **System symbiotische Landwirtschaft (ca. 4 ha, Alternative 1)**

Weidehaltung WWW (Weide – Wühlen – Würmer)
Wiederkäuer (Rinder – Schafe)
Monogastrier (Schweine – Hühner – Enten – Gänse – Puten)

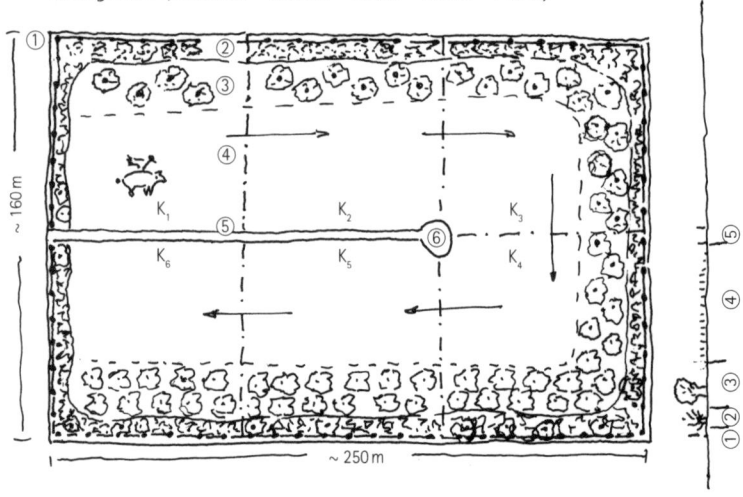

① Außenzaun laut EU-Schweine-
   haltungsverordnung
② Hecke/Wald
③ Dauergrünland/
   Streuobstwiese

④ Weide – den Tieren
   den Tisch decken
⑤ Wirtschaftsweg
⑥ Feldscheune
   Futter/Saatgut

große Koppeln mit unterschiedlichen Mischungen für die Tiere
angebaut werden.

Bei kleineren Anlagen hat sich die Haltung von Schafen,
Schweinen und Geflügel bewährt. Für größere Anlagen bietet
sich die zusätzliche Haltung von Rindern an. Für die Wiederkäuer Rind und Schaf kann alles anfallende Raufutter (Gras und
Heu) – auch schon stärker verholztes Grünfutter – gut verwertet
werden. Schweine und Geflügel als Monogastriden (das heißt
mit einem einhöhligen Magen ausgestattet, wie der Mensch)
brauchen hingegen jüngeres, gut verdauliches Grün.

Durch die Aufteilung in mehrere Koppeln (je nach Anlage)
haben wir die Möglichkeit, die verschiedenen Koppeln erstens

Grafik 3 System symbiotische Landwirtschaft (ca. 4 ha, Alternative 2)

Weidehaltung WWW (Weide – Wühlen – Würmer)
Wiederkäuer (Rinder – Schafe)
Monogastrier (Schweine – Hühner – Enten – Gänse – Puten – Perlhühner)

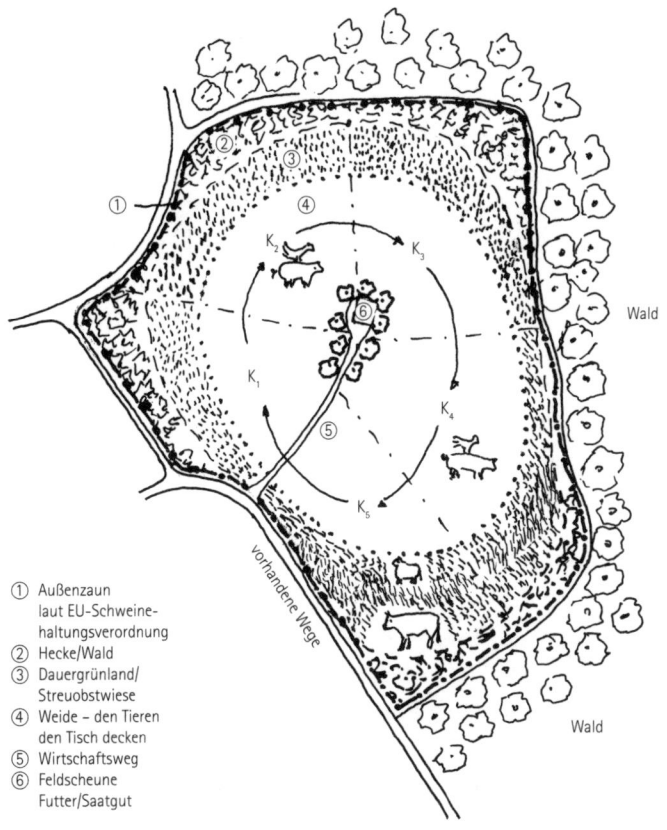

① Außenzaun
   laut EU-Schweine-
   haltungsverordnung
② Hecke/Wald
③ Dauergrünland/
   Streuobstwiese
④ Weide – den Tieren
   den Tisch decken
⑤ Wirtschaftsweg
⑥ Feldscheune
   Futter/Saatgut

mit verschiedenen Pflanzenmischungen (je nach Jahreszeit) anzubauen und zweitens über einen zeitlich gestaffelten Anbau zeitversetzt immer frisches Grundfutter anbieten zu können.

Die gesamte Tiergruppe mit ihren mobilen Behausungen zieht wie ein Wanderzirkus von Koppel zu Koppel. Das setzt ein kluges

Management und sorgfältige Beobachtung voraus. Je nach Jahreszeit und Witterungsverhältnissen wachsen die neu eingesäten Flächen unterschiedlich rasch nach. Das bedeutet unterschiedlichen Futteranfall. Je nach Geschwindigkeit, mit der eine Fläche abgefressen (und zum Teil durchwühlt) wurde, zieht der Wanderzirkus zügig oder weniger zügig weiter auf eine frische, saftige Koppel.

Für den Umzug sollte eine Periode trockener Tage abgewartet werden, damit durch die Maschinen und mobilen Einrichtungen keine Schäden am Boden entstehen. Es hat sich bewährt, die neue Koppel erst einzuzäunen, dann umzuziehen und schließlich die alte Koppelumzäunung abzubauen. Die abgefressene Koppel wird im Ackerbereich komplett neu bestellt. Wenn allerdings nur Teile stärker durchwühlt wurden, kann auch eine grobe Nachsaat und das »Abschleppen« (Ausgleichen der Unebenheiten) mit der Wiesenegge ausreichen, um wieder einen dichten und vielseitigen Bewuchs zu erhalten.

Die Anlage

Die Schweinehaltungshygieneverordnung der EU schreibt vor, dass eine doppelte Einfriedung um das Gelände vorhanden sein muss: ein wildschweinsicherer *Außenzaun* und ein *innerer Elektrozaun*. Der Außenzaun (Höhe: 160 Zentimeter) wird sinnvollerweise als fester Knotengitterzaun mit stabilen Holzpfosten aus Eiche oder Robinie im Abstand von vier bis fünf Metern errichtet. Der doppelte Zaun ist sinnvoll, um die Übertragung von Krankheiten von Wildtieren zu unseren Haustieren (zum Beispiel Schweinepest) und von Mensch zu Tier zu vermeiden. Auch Menschen können Haustiere anstecken, sie können beispielsweise als Zwischenträger (ohne selbst zu erkranken) Krankheiten von anderen Haustieren von entfernten Urlaubsorten mitbringen. Oft geschieht eine solche Übertragung über

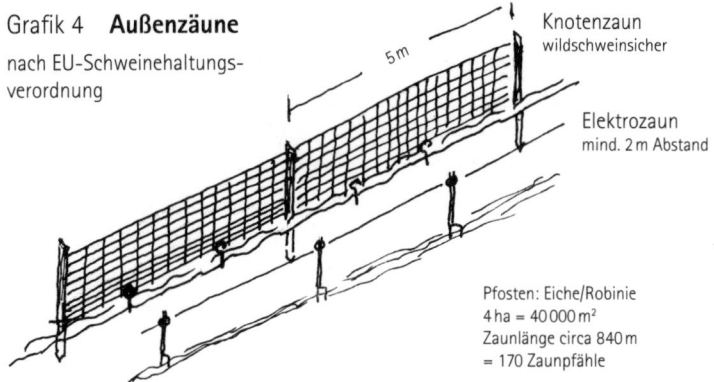

Grafik 4 **Außenzäune**
nach EU-Schweinehaltungs-
verordnung

5m

Knotenzaun
wildschweinsicher

Elektrozaun
mind. 2 m Abstand

Pfosten: Eiche/Robinie
4 ha = 40 000 m²
Zaunlänge circa 840 m
= 170 Zaunpfähle

Lebensmittel, die sie den Tieren »liebevoll« geben und die von irgendwoher mitgebracht wurden.

Innen schließt sich dann ein Grünlandstreifen von circa zwei Metern an, auf dem der Elektrozaun errichtet werden kann. Der ist dann vorgeschrieben, wenn sich im jeweiligen Abschnitt Schweine befinden. Der Grünlandstreifen kann problemlos gemäht werden, bevor der Elektrozaun dort errichtet wird. Daran schließt dann der von den Tieren so geliebte Heckenstreifen von sechs bis zehn Metern Breite an.

Die *Hecke* sollte aus möglichst vielen fruchttragenden Bäumen und Sträuchern bestehen und ist für unsere Tiere einer der bevorzugten Lebensräume. Hecken sind Orte, die in ihrer ökologischen Wertigkeit Waldrändern nahekommen. Hier finden die Tiere vielseitiges Futter, Schatten vor der Sonne und Schutz vor Sturm und Regen. Als Bäume bieten sich an: Apfel, Birne, Kirsche, Buche oder Eiche. Bei den Sträuchern empfehlen wir Johannisbeere, Himbeere, Brombeere, Holunder oder Haselnuss sowie einige blühende Pflanzen wie Flieder, Sommerflieder, Heckenrose oder Schlehen. Der Heckenbereich erstreckt sich auf circa zehn bis zwanzig Prozent der Gesamtfläche.

Die Hecke geht in einen *Dauergrünlandstreifen* über. Dieses Dauergrünland besteht aus einer vielseitigen Mischung von Gräsern, Kräutern und Leguminosen (Klee und Luzerne). Zum Teil kann dieser Streifen auch aus einer *Streuobstwiese* mit alten, robusten Obstsorten bestehen. Der Dauergrünland- beziehungsweise Streuobststreifen bedeckt etwa zwanzig bis dreißig Prozent der Gesamtfläche.

In diese Streifen eingebettet wird in einigen Koppeln, die sich speziell als Winterkoppeln eignen (eine beheizte Tränke muss in der Nähe sein), Topinambur gepflanzt. Der Topinambur darf immer nur zu maximal siebzig Prozent ausgewühlt und gefressen werden, damit er ständig wieder nachwächst und über viele Jahre als begehrtes Winterfutter zur Verfügung steht.

Kommen wir zur *Ackerweide*. Dies ist der Bereich, in dem wir den Tieren den Tisch decken – und zwar möglichst schmackhaft und vielseitig. Der Ackerstreifen muss mehrere Aufgaben erfüllen: Er muss Futter für die Tiere über der Erde liefern und Futter für die Lebewesen unter der Erde, und das bei gleichzeitiger Bodenlockerung. Dafür bieten sich folgende Pflanzen an: Buchweizen, Erbse, Wicke, Lupine, Klee, Gräser, Phacelia, Leindotter oder Sonnenblume. Damit im zeitigen Frühjahr direkt wieder frisches Grün zur Verfügung steht, empfiehlt sich auf einigen Koppeln eine Herbsteinsaat mit winterharten Pflanzen – etwa das Gras-Leguminosen-Gemisch »Landsberger Gemenge«, angereichert mit weiteren Kleesorten, oder Wintergetreide mit Winterwicke, Wintererbse und Klee.

Wir wissen leider immer noch wenig über die Bedeutung der gesamten Vielfalt von Tieren, Pflanzen und Bodenmikroorganismen in ihrer Gesamtwirkung auf das Wohlbefinden und die Gesundheit aller Beteiligten. Daher empfehlen wir auch, mit dieser Vielfalt weiter zu experimentieren, neue Sorten und Mischungen auszuprobieren und – ganz wichtig! – immer die Beobachtung dessen, was passiert.

Je nach Jahreszeit, Aufwuchs und Anzahl der Tiere ist eine Koppel nach einiger Zeit abgefressen und weitgehend umgewühlt. Der Wanderzirkus kann auf die nächste Koppel umziehen, die Tiere stürzen sich mit Freude auf das frische, eiweißreiche Grün, reich an wertvollen Fettsäuren. Der kahle Ackerstreifen wird da, wo nötig, gegrubbert – in der Regel ist das dort, wo der Boden durch häufige Nutzung verfestigt ist, oder da, wo die Schweine nicht fleißig genug gewühlt haben.

Schweine und Hühner finden nicht nur ihre Nahrung *auf* dem Boden, sondern auch *im* belebten Boden; Futter, das sie in dieser Form im Stall nie zu Gesicht bekommen: Wurzeln, Würmer, Larven, aber auch Bodensubstrat, das sie beim Fressen, Wühlen und Picken aufnehmen. Bei genauer Beobachtung spürt man, dass Schweine ein Bindeglied zwischen beiden Lebensräumen sind.

Das wertvolle Grundfutter, das die Tiere auf dieser Fläche finden, geht im Herbst und erst recht im Winter immer mehr zur Neige. Es wird zwar immer noch genug für ihre Grundversorgung geboten, denn die Tiere haben ja viel Zeit, sich mit ihrem Lebensraum zu beschäftigen, aber jetzt beginnt unweigerlich die Zeit, in der stärker zugefüttert werden muss. Das geschieht mit Kraftfutter, das aus einer Mischung von Weizen, Roggen, Gerste, Hafer, Erbsen und Bohnen besteht. Im Sommer wird davon sehr wenig zugefüttert, im Winter steigt der Anteil an. Man muss allerdings auch immer darauf achten, dass die Tiere angeregt sind und bleiben, in ihrem Lebensraum nach Futter zu suchen. Auch im Winter finden sie schmackhafte Leckerbissen in den Hecken und unter den Obstbäumen. Einen wesentlichen Anteil der Grundversorgung im Winter deckt der schon genannte Topinambur.

Der Ackerbereich macht fünfzig bis sechzig Prozent der Gesamtfläche aus.

Der *Wirtschaftsweg* ist die zentrale Versorgungsader. Da alle Koppeln an ihn angrenzen, kann von hier aus problemlos gefüttert und beobachtet werden. Statt eines festen Schotterweges kann auch ganz einfach eine dicke Schicht Rindenmulch als Weg dienen. Ihn kann man, wenn es sein muss, auch schnell wieder beseitigen.

Für die Bodenbearbeitung der Anlage benötigen Sie einige
Geräte, außerdem einen der Fläche angepassten Schlepper für
die Geräte und das Weiterziehen der Einrichtungen (Hütten
oder Futterkiste, siehe nächster Abschnitt). Als Bodenbearbei-
tungsgeräte empfehlen wir:

Grubber	circa 3500 Euro
Wiesenegge	circa 1200 Euro
Schleuderstreuer zur Einsaat	circa 1200 Euro
Sternwalze	circa 4800 Euro

Alle diese Geräte bekommen Sie im Landmaschinenhandel sehr
günstig gebraucht oder bei vielen Landwirten, die auf größere
Geräte umgestiegen sind.

Für die Zäune kommen – neben diversen Werkzeugen wie
Hammer, Axt oder Zange – etwa folgende Kosten auf Sie zu:

Stationäres Weidezaungerät (Netzgerät)	110 bis 250 Euro
Solarweidezaungerät	400 bis 1000 Euro
Stahlstangen mit Isolatoren für den Elektrozaun	2 bis 3 Euro/Stück
Weidezaundraht als Elektrozaun	30 bis 70 Euro/500 Meter
Geflügelnetze (Höhe 112 Zentimeter)	100 bis 140 Euro/50 Meter

Die Einrichtung

Als Schlaf- und Ruhebereich dient den Schweinen eine *mobile
Hütte* (Grafik 5). Sie sollte von der Größe so angelegt sein, dass
alle Tiere bequem Platz finden, aber auch nicht größer. Relativ
kleine Räumlichkeiten haben nämlich den Vorteil, dass die
Schweine ihr »Schlafzimmer« peinlich sauber halten. Die Hütte

Grafik 5 **Die mobile Schweinehütte**

einfach – leicht – gesund – schön

Größe je nach Anzahl der Schweine
(ca. 0,8 m² / Schwein)

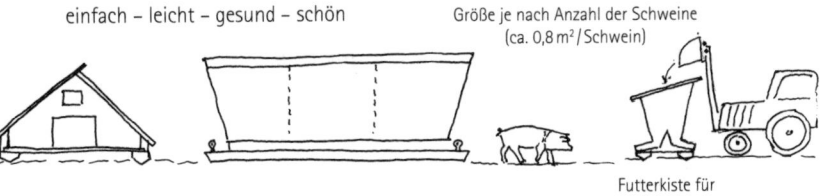

Futterkiste für
Zusatzfutter

hat keinen Boden und wird einfach mit Stroh eingestreut; bei Bedarf wird nachgestreut. So ersparen Sie sich das Ausmisten.

Eine Variante ist die mobile Schweine- und Geflügelhütte: Unten wohnen die Schweine und heizen die Kombihütte, oben leben die Hühner und Küken (Grafik 6). Erst nach zwei bis drei Wochen verlassen sie diesen eingestreuten Bereich über eine Hühnerleiter am hinteren Hüttenteil. Das Obergeschoss ist gut belüftet und hat einen ausklappbaren Dachteil.

Die *Futterkiste* (Grafik 7) dient der Zufütterung bei schlechten Wetterperioden und abnehmendem Futterangebot aus dem Weidebereich. Sie bietet auf beiden Längsseiten genügend Fress-plätze, damit alle Tiere gleichzeitig fressen können. Sie fasst Futter (eine Mischung aus Getreide, Erbsen und Ackerbohnen) für circa eine Woche.

Eine einfache *Futterplattform* auf zwei Kufen mit darüber ver-schraubten Brettern und einem Holztrog dient der Zufütterung der Schweine mit zum Beispiel Altbrot oder Küchenabfällen. Eine solche Plattform kann man sehr einfach selbst herstellen.

Grafik 6 **Die mobile Schweine-Geflügel-Hütte**

Schweine unten wärmen Küken oben

Voliere für Jungtiere
zum Schutz gegen Greifvögel

Symbiotische Landwirtschaft – so wird es gemacht **213**

Grafik 7 Die mobile Futterkiste

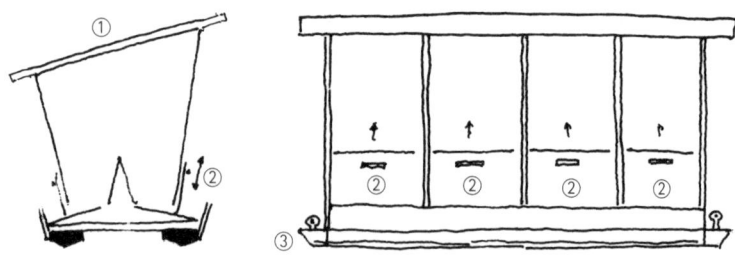

Mehrschicht Sperrholz mit fester Oberfläche
Dach in vier Teilen ist abnehmbar zum Nachfüllen ①
Schieber zum Öffnen und Schließen des Futterschlitzes ②
Kufen mit schweren Ringen zum Verziehen ③

Als *Tränke* haben wir eine Kombitränke entwickelt, die an einem Schlauch angeschlossen ist (Grafik 8). Außen befindet sich eine Schweinetränke, im geschützten »Innenbereich« gibt es eine Tränkeschale für das Geflügel. Vorratstränken mit etwa zehn Litern befinden sich auch im Geflügelbereich des Kombistalles. Wichtig ist, dass den Tieren zu jeder Zeit frisches, sauberes Wasser zur Verfügung steht.

Grafik 8 Die mobile Tränke für Schweine ① und Geflügel ②

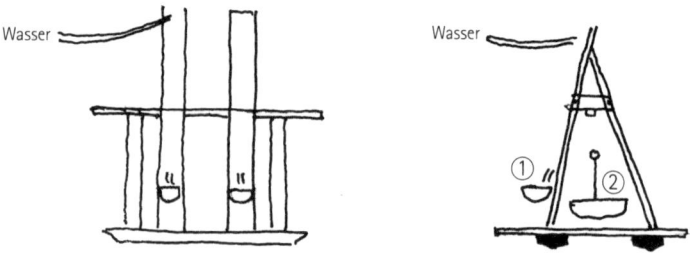

Wasser

Wasser

Das *Schweinebad* (Grafik 9) ist im Sommer ein »Muss«, denn Schweine können – darin den Hunden ähnlich – nicht schwitzen und müssen ab etwa 22 Grad Celsius eine Möglichkeit zur Abkühlung haben. Die »Badeanstalt« wird selbstverständlich auch von den Gänsen und Enten intensiv genutzt.

Grafik 9 **Das mobile Gemeinschaftsbad für Enten, Gänse und Schweine**

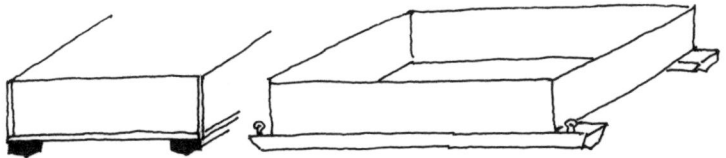

Die *Transportkiste* (Grafik 10) dient uns als einfache Version, um die Schweine aus der Gruppe herauszusortieren und um sie dann schonend von der Weide zum Schlacht-Fest-Haus zu transportieren, wenn sie schlachtreif sind. Es hat sich bewährt, die Transportkiste mindestens einen Tag vorher in die Herde zu stellen, damit sich die Tiere daran gewöhnen. Mit Leckerbissen wie zum Beispiel Altbrot lockt man die großen, schweren Tiere (die in der internen Rangordnung jetzt auch ganz oben stehen) dann einfach und schonend in die Kiste.

Grafik 10 **Die mobile Transport- und Wartebox**

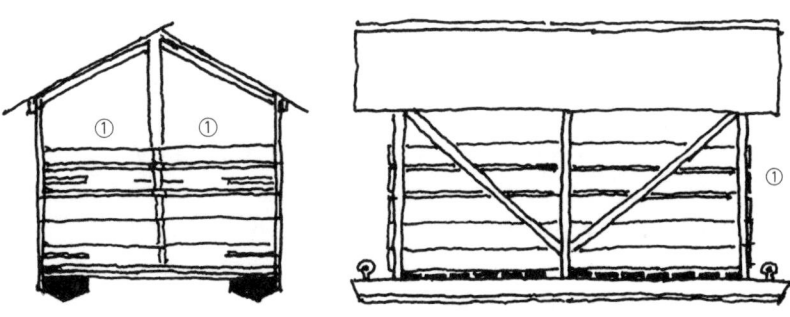

Vorderseite mit zwei Klapptüren ①
Rückseite ist geschlossen
innen mit Wassertrog
Raum für circa fünf schwere Schweine

Alle Einrichtungen sind mobil und aus Holz gebaut. Die Kosten – gerechnet für die im nächsten Abschnitt angegebenen Tierzahlen – belaufen sich etwa auf folgende Beträge:

Mobile Hütte (Kombihütte)	circa 10 000 bis 12 000 Euro
Futterkiste	circa 3000 bis 4000 Euro
Tränke	circa 1000 Euro
Schweinebad	circa 2000 Euro
Transportkiste	circa 3000 Euro
Futterplattform	selber machen

Diese Einrichtungen sind auf Wunsch über uns lieferbar (Kontaktdaten siehe Anhang). Einen Teil der hier aufgezählten Einrichtungen können Sie bei etwas handwerklichem Geschick aber auch selber herstellen. Das macht Spaß und spart viel Geld.

Befinden sich Hofgebäude und/oder Scheune zum Lagern nicht in unmittelbarer Nähe, dann bietet es sich an, zentral eine einfache Feldscheune zu errichten, die zur Aufbewahrung von Geräten, Maschinen, Futter, Saatgut und so weiter dient (Kosten: 10 000 bis 20 000 Euro).

Das *Schlacht-Fest-Haus,* das weiter unten noch ausführlich beschrieben wird, gehört zu dem von uns vorgeschlagenen Gesamtkonzept. Die räumliche Nähe zwischen Endmast und dem Töten ist Voraussetzung für den achtsamen Umgang mit den Tieren auf ihrem letzten Weg sowie für höchstmögliche Fleischqualität. Wir haben ja schon verschiedentlich darauf hingewiesen, dass die Ausschüttung von Stresshormonen – das ist unabwendbar, wenn die Schlachttiere verängstigt oder ruppig behandelt werden – sich der Fleischqualität äußerst negativ mitteilt.

Ein abschließender Hinweis noch: Hygiene ist stets oberstes Gebot! Daher müssen alle Einrichtungen, insbesondere Fütterungseinrichtungen und Tränken, regelmäßig gereinigt werden.

Die Bewohner

Für eine kleine Anlage von rund vier Hektar schlagen wir den folgenden Tierbesatz vor, der auch nach vielen Jahren nicht zu einer Übernutzung der Fläche führt:

- fünfzehn Schweine zur Endmast (ganzjährig),
- fünf Schafe als kleine Herde (ganzjährig),
- hundert Stück Federvieh (nur von April bis Dezember, drei Generationen überlappend).

Was ein »tragfähiger« Besatz ist, muss je nach Standort, Bodenqualität und Klima herausgefunden werden.

Bei den *Schweinen* haben sich die Schwäbisch-Hällischen (oder entsprechende Kreuzungen) sowie Bentheimer und Duroc bewährt. Die Schweine kommen mit einem Einstallungsgewicht von 80 bis 100 Kilogramm Lebendgewicht in die symbiotische Landwirtschaft und werden dort bis zu einem Lebendgewicht von etwa 150 bis 160 Kilogramm gehalten. Diese Gewichtszunahme um im Mittel 60 Kilogramm dauert bei etwa 450 bis 500 Gramm Tageszunahme rund vier Monate. Diese Zeitspanne ist nötig, um bei viel Bewegung an frischer Luft und bestem, vielseitigem Futter eine hervorragende Fleisch- und Fettqualität aufzubauen.

So können jährlich also rund 45 Schweine ausgemästet werden. Monatlich kommen drei bis vier schwere Schweine zum Schlachten und drei bis vier neue Schweine werden in die Gruppe (Rotte) integriert. Das machen wir in unserer Feldscheune, denn die neuen Schweine kennen in aller Regel ja keinen Elektrozaun. Wie genau das geht, haben wir bereits im Kapitel *Erde ist nicht der letzte Dreck* auf Seite 71 beschrieben. Das Eingewöhnen in die bestehende Rotte geht meist recht problemlos und sollte während der Fütterungszeit geschehen, dann nämlich sind die »Altbewohner« abgelenkt und die Neuen können schon mal die Umgebung kennenlernen. Während der

ersten Tage weichen die Neuankömmlinge im gesamten Koppel-
bereich stärkeren Auseinandersetzungen und Rangordnungs-
kämpfen aus, und nach einiger Zeit hat sich die Rotte dann neu
»zusammengerauft«.

Eine kritische Anschlussfrage liegt nahe: »Warum nur Endmast?« Die Antwort muss – leider – definitiv pragmatisch ausfallen: Die viel schwierigere Sauenhaltung mit Ferkelaufzucht
würde den Raumbedarf (wohl gemerkt: bei artgerechter Haltung im Rahmen einer symbiotischen Landwirtschaft) so sehr in
die Höhe treiben, dass Wirtschaftlichkeit nicht mehr möglich
erscheint. Und die entscheidende Qualität, besonders die des
Fettes, entsteht ja schließlich während der letzten Monate (End-
mastzeit) über den Stoffwechsel – jedes Lebewesen ist, was es
frisst! Eine uralte Weisheit in der Menschheitsgeschichte.

Als *Schafrasse* haben wir uns ganz bewusst Shrop Shire Schafe
ausgesucht, weil sie keinen Verbiss an Jungpflanzen, Sträuchern
und Bäumen verursachen. Mit ihnen können wir also die Rand-
streifen zwischen dem Außenzaun und den Hecken sowie alle
Heckenbereiche problemlos pflegen; sie halten Gras und Kräuter kurz wie ein geländegängiger »Rasenmäher«. Auch bei Neu-
anpflanzungen richten sie verglichen mit allen anderen Schaf-
und vor allem Ziegenrassen keinerlei Schäden an. Ein Bock und
vier Mutterschafe reichen für diese Pflegemaßnahmen aus,
denn regelmäßig im Januar oder Februar bringen die Mutterschafe ein Lamm oder Zwillinge zur Welt. Ist der Winter trocken
und kalt, kommen die Lämmer problemlos im Schutz der Hecken zur Welt; ist es nasskalt, dann stellen wir die überdachte
und eingestreute Transportkiste für sie bereit.

Das *Geflügel* ist eine bunte Mischung aus circa fünfzig Mast-
hühnern, fünfzehn Gänsen, fünfzehn Enten, zehn Puten und
zehn Perlhühnern. Wir empfehlen langsam wachsende Hybriden als Masthühner oder aber Rassegeflügel. Moment: Hybriden? Ja, denn unsere Erfahrungen mit Rassegeflügel sind leider
sehr ernüchternd. Erstens, weil es kaum geeignete Rassen für

die Mast gibt, da die züchterischen Aktivitäten beim Rassegeflügel (Stichwort Verdrängung durch die großen Zuchtkonzerne) mehr oder weniger zum Erliegen gekommen sind. Rassegeflügel wird vorwiegend hobbymäßig auf Schönheit gezüchtet und weniger auf gute Mastleistung mit gutem Geschmack. Zweitens, weil wir – außerhalb des Marktes für Hybriden – kaum eine Gruppe von fünfzig bis hundert Tieren gleichzeitig bekommen können. Und drittens, weil diese wenigen Tiere dann noch sehr unterschiedlich in ihrer Entwicklung sind. Nun kann man sich diese Nachteile aber auch positiv zunutze machen, indem man nicht alle Tiere gleichzeitig schlachtet, sondern immer die größten auswählt und damit über eine längere Zeit immer Schlachttiere zur Verfügung hat. Nehmen Sie also – wenn Sie die oben geschilderten Hürden für überwindbar halten – Kontakt zu kleinen Züchtern auf und probieren Sie verschiedene Rassen (zum Beispiel das Schweizerhuhn oder das Sachsenhuhn) aus, dadurch tragen Sie mit dazu bei, bedrohte Arten zu erhalten.

Die Küken kaufen Sie am besten im Alter von rund zwei Wochen, dann sind sie nicht mehr so extrem wärmebedürftig und anfällig und können leicht in dem Kombistall über den Schweinen gehalten werden. Nach etwa drei Wochen können sie dann über den Hühnerschlupf in den Auslauf zu den Schweinen. Der Geruch sowie Sicht- und Hörkontakt haben die Wohngemeinschaft zusammengeschweißt, und Schweine und Küken leben ab sofort in einer wahrnehmbaren Symbiose miteinander. In einem engen Maststall hingegen würden Schweine die »unbekannten«, fremden Küken auffressen.

Für unser Wassergeflügel steht das *Schweinebad* zur Verfügung. Der Begriff Gemeinschaftsbad trifft es eigentlich besser. Allerdings wird streng getrennt gebadet, jedoch immer sehr intensiv (daher muss bei heißem Wetter täglich Wasser nachgefüllt werden).

Gegen Fuchs und Marder schützen die Schweine das Geflügel, außerdem ein Geflügelzaun von 112 Zentimetern Höhe, der mit

Schweine, Hühner und Gänse teilen sich das Bad, nutzen es jedoch immer strikt nacheinander.

einem Weidezaungerät unter Strom gestellt wird. Die Angriffe aus der Luft durch Habichte haben wir mithilfe unserer »Schreihälse«, den Perlhühnern und Puten, ein Stück weit in den Griff bekommen. Weitere Abschreckungsmöglichkeiten sind ein elektronischer Adlerschrei, Attrappen vom Uhu und spiegelnde Silberkugeln (siehe das Kapitel *Symbiotisch – mehr als nur biologisch*).

Das Einfangen des Geflügels zum Schlachten ist einfach und ohne Stress in der Dämmerung möglich, wenn die Tiere sich zum Schlafen niedergelassen haben. Zum Transport eignen sich handelsübliche Transportkisten, die aber geringer besetzt werden sollten. Im erwähnten Schlacht-Fest-Haus können nach neuem EU-Recht alle Tierarten, also auch Geflügel, rechtens geschlachtet werden.

Auf geht's

So, und nun Papier und Bleistift zur Hand nehmen und beginnen! Eine regionale, vom Wesen her ökologische »Insel« entsteht, die nicht nur produktiv ist, sondern als Gesamtanlage wunderschön sein und für Sie, Ihre Familie und Freunde einen neuen Mittelpunkt darstellen kann. Diese Insel bildet die Grundlage für geschlossene Stoffkreisläufe; sie bietet »Gesundheit und Wohlbefinden« für Boden, Wasser, Pflanze, Tier und Mensch; und sie liefert Lebensmittel mit höchstem Geschmacks- und Gesundheitswert.

Und es gibt weitere positive Nebeneffekte: Wir fördern die Artenvielfalt, wir verhalten uns ethisch, sozial und was den Umgang mit unseren Mitlebewesen anbelangt so, dass wir zu Recht ein gutes Gewissen haben dürfen. Es sind ja nicht nur strenggläubige Esoteriker, die behaupten, dass sich ein gutes Gewissen auch geschmacklich und genusssteigernd bemerkbar macht ...

Ob Sie Ihre symbiotische Landwirtschaft ökologisch zertifiziert betreiben wollen oder aus eigener Überzeugung sowieso auf alle bedenklichen Zusatzstoffe verzichten, bleibt Ihnen überlassen. Ökologisch zertifizieren müssen Sie, wenn Sie zum Beispiel an den Öko-Handel verkaufen wollen oder einen eigenen Bio-Hofladen betreiben.

Fangen Sie im Kleinen an, auch erst mal mit weniger Tieren, und vergrößern Sie im Einklang mit Ihren Erfahrungen. Wir wünschen Ihnen viel Erfolg für Ihren Schritt in die Praxis und als Wegbegleiter beim Erhalt und Ausbau einer schönen, erhaltenswerten Kulturlandschaft. Und wenn Sie das Gefühl haben, unserer Idee fehle noch das Dach – voilà, hier kommt es ...

Das Schlacht-Fest-Haus

Das Schlacht-Fest-Haus ist eine kleine handwerkliche Warmfleischmetzgerei. Das hier vorgestellte Konzept wurde über Jahre hinweg und Schritt für Schritt entwickelt durch Anforderungen und Erfahrungen bei unseren Projekten, etwa in Stahlbrode an der Ostseeküste, im Dorf Leo Tolstoi südlich von Moskau und jetzt auch in einem großen unternehmerischen, landwirtschaftlichen Projekt in der Nähe von Kairo. Hier helfen wir Unternehmern, etwas Ähnliches zu verwirklichen wie in Herrmannsdorf. Ich wurde und werde bei diesen konzeptionellen Arbeiten und Gründungen unterstützt von dem jungen Metzgermeister und Koch Sven Lindauer.

Die Metzger sagen fast unisono: Selber schlachten, das geht nicht mehr nach den neuen Hygieneverordnungen, das ist zu teuer, das ist zu kompliziert. Zu tief sitzen die Vorurteile gegen die Gesetze aus Brüssel und die »Plagegeister« von den Veterinärämtern. Doch das ist falsch. Die derzeit gültige EU-Hygieneverordnung, die seit kurzem in deutsches Recht umgesetzt ist, macht sogar vieles möglich, was früher so nicht möglich war, nämlich das Schlachten aller Nutztiere in einem Schlachthaus.

Die Hygieneverordnung stellt natürlich grundsätzliche Anforderungen an die Räume, räumliche Trennungen, Reinigungsgeräte, Arbeitsgeräte, Maschinen und Personal. Aber das ist gar nicht so kompliziert und aufwendig, wie es erscheint. Man muss die Verordnung nur genau kennen und wissen, wie es geht. Nach den nun bestehenden Regeln können Rinder, Schafe, Schweine und sogar auch Geflügel unter bestimmten Bedingungen in denselben Räumen geschlachtet und in Fleisch, Schinken und Würste »umgewandelt« werden. Bei alten, verbauten Metzgereien ist es jedoch häufig sinnvoller, eine einfache, echte Warmfleischmetzgerei, ein Schlacht-Fest-Haus, neu zu errichten.

Also: Es ist möglich, das Schlachten, Zerlegen und Verarbeiten unter einem Dach hintereinander ablaufen zu lassen und

Symbiotische Landwirtschaft auf dem Landwerthof in Stahlbrode:
Es kommt wieder zusammen, was zusammengehört.

dadurch wieder zusammenzubringen, was zusammengehört. In dem Projekt im Dorf Leo Tolstoi haben wir zum Beispiel gelernt, dass man eigentlich ganz wenig Technik und nur geringe Investitionen braucht, um Tiere achtsam zu töten, so wie es sich gehört, und sie dann zu verarbeiten – oder besser gesagt: umzuwandeln in Fleisch, Schinken und Würste nach den Regeln guter alter Handwerkskunst.

Es ist ein ganz wichtiger Teil des von mir vorgestellten Systems, Nähe herzustellen zwischen dem Ort, an dem die Tiere (vor allem in der Endmast) leben, und dem Ort, an dem sie achtsam und ohne Stress und Angst vom Leben in den (unvermeidlichen) Tod gebracht werden.

Neue gesetzliche Regelungen und die neuere Rechtsprechung haben so beispielsweise den Weg frei gemacht, dass Rinder in Weidehaltung, die nicht an den unmittelbaren Kontakt mit Men-

Ein in der Endmast lebendes Rind wird durch einen gezielten Schuss mit einem Spezialgewehr getötet.

schen gewöhnt sind, durch einen gezielten Schuss auf der Weide getötet werden dürfen. So, wie das bei Wild im Gehege schon immer möglich war. Wir haben gesehen und erlebt, wie ein Rind vom vertrauten Hirten erlegt wird: Es bricht zusammen, ahnungslos und in seiner gewohnten Umgebung. Die Mitglieder der vertrauten Herde reagieren ohne Panik, eher neugierig. Sie gehen hin zum Genossen, schauen, schnuppern – und das war es. Achtsamer kann ein Tier nicht getötet werden.

Das Tier wird sodann auf der Weide mit besonderen Einrichtungen entblutet und schnellstmöglich mit einem Traktor in das nahe gelegene Schlacht-Fest-Haus transportiert und dort ganz normal und sauber geschlachtet. Das ist ein großer Fortschritt, gut für das Tier, das ohne Todesstress aus dem Leben geht; und es ist gut für die Fleischqualität, die so deutlich besser ist als bei den Massenschlachtungen. Denn wie schon mehrfach an anderer Stelle dargelegt: Jedweder Stress vor dem gewaltsamen

Ende eines Tieres teilt sich in unguter Weise der Beschaffenheit und Qualität des Fleisches mit.

Im EU-zertifizierten Schlacht-Fest-Haus (Grafik 11) beginnt die Arbeit mit der Annahme der Tiere. Die Rinder sind dann bereits tot und entblutet. Die Schweine sind in der Transport- und Wartebox am Abend vorher gebracht worden. Sie haben gut geschlafen, wachen auf, gehen ins Licht und werden vom wartenden Metzger mit der Elektrozange betäubt und sodann entblutet.

In Raum ① werden die »unreinen« Arbeiten erledigt: Hier wird das schmutzige Fell vom Rind, Kalb oder Schaf abgezogen; hier wird das Schwein gebrüht und entborstet; hier wird das Geflügel gerupft. Alle Geräte sind mobil, wie zum Beispiel der Brühbottich oder die Rupfmaschine. Was nicht gebraucht wird, wird nach draußen aus dem Weg geräumt. Alle notwendigen Wasch- und Sterilisationseinrichtungen für die Werkzeuge und die Personen sind vorhanden. Eine einfache Kranbahn mit einem Aufzug erleichtert schwere körperliche Arbeit und transportiert die Tierkörper von einer Station zur anderen.

Der Raum ② ist für den »reinen« Teil des Schlachtens eingerichtet. Hier werden die Mägen und die Därme entnommen und sogleich in den ersten Raum zurückgebracht, wo die »unreinen« Arbeiten des Entleerens von Magen und Darm erledigt sowie die entleerten Mägen und Därme gereinigt werden. Der Magen- und Darminhalt, also die halbverdaute Nahrung der Tiere, ist keineswegs Abfall. Er wird gesammelt und noch am selben Tag in die Biogasanlage der Landwirtschaft übergeben oder kompostiert. Die verschiedenen Mägen und Därme werden gewaschen und gehen sauber und blütenweiß an die Wurstverarbeitung weiter. Werden Naturdärme nicht am selben Tag zu Würsten verarbeitet, werden sie mit Salz eingerieben und kühl gelagert. Das Blut wird gleich beim Entbluten der Tiere (Raum ①) in einer Schüssel kräftig geschlagen, so dass die Blutplättchen möglichst nicht verkleben oder gerinnen und große Teile des Blutes flüssig zu Blutwurst verarbeitet werden können.

Grafik 11   Die Mini-Warmfleischmetzgerei ›Schlacht-Fest-Haus‹

EU-zertifiziert

einfach – praktisch – schön – preiswert

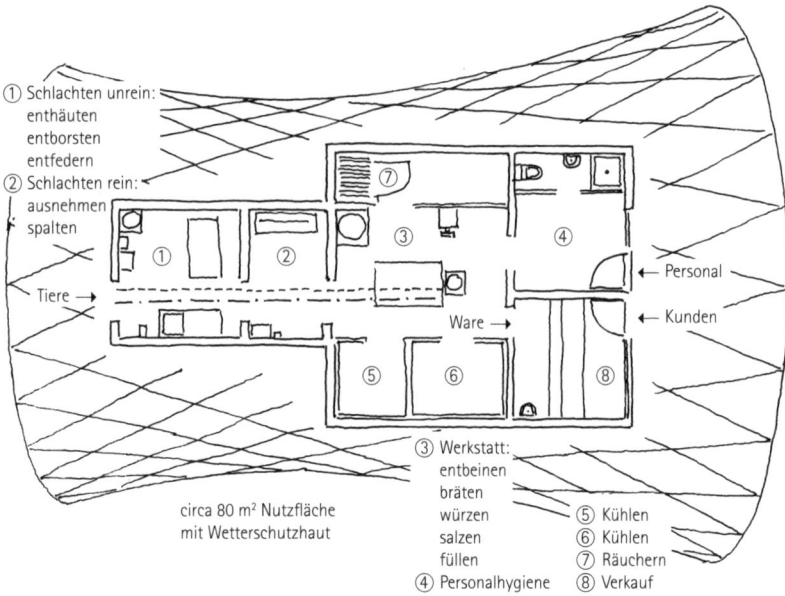

① Schlachten unrein:
  enthäuten
  entborsten
  entfedern
② Schlachten rein:
  ausnehmen
  spalten

Tiere →

③ ⑦ ④

← Personal

Ware → ← Kunden

⑤ ⑥ ⑧

③ Werkstatt:
  entbeinen
  bräten
  würzen
  salzen
  füllen
④ Personalhygiene

circa 80 m² Nutzfläche
mit Wetterschutzhaut

⑤ Kühlen
⑥ Kühlen
⑦ Räuchern
⑧ Verkauf

Unseren bäuerlichen Nutztieren die Würde zurückgeben!

Dem Töten der Tiere die Würde zurückgeben!

Dem Menschen im Umgang damit die Würde zurückgeben!

Wetterschutzhaut ca. 180 m²

Werkstätten in Leichtbauweise

Alles, was jetzt noch ohne Verwendung bleibt – die sogenannten Konfiskate –, muss über die Tierkörperverwertungsanstalten entsorgt werden. Die Knochen werden gekocht und zu Suppen und hochwertigen Fonds verarbeitet.

Alle Abwässer der Metzgerei, auch die Reinigungsabwässer, müssen übrigens über einen einfachen Fettabscheider entfettet werden; nur so vorbehandelt dürfen sie in das öffentliche Abwassernetz gelangen.

Sodann werden die »roten« Innereien entnommen (also Zunge, Schlund, Herz, Lunge, Leber), gewaschen und zur weiteren Verarbeitung in die Werkstatt (Raum ③) gebracht oder aber in die Kühlung (Raum ⑤ und ⑥).

Der Tierkörper wird nun gespalten, gewogen und der amtlichen Fleischbeschau »vorgeführt«; ein Tierarzt untersucht den Schlachtkörper und die Organe nach Trichinen oder Rotlauf, das heißt, die einzelnen Teile müssen klar jedem Tier zuzuordnen sein.

Die nächste Station ist die Werkstatt (Raum ③). Die Personen, die bisher am Tier gearbeitet haben, dürfen nicht unmittelbar die Werkstatt betreten. Sie müssen außen herum in den Raum ④ für die Personalhygiene gehen, sich dort reinigen und umziehen, um dann »sauber« direkt in die Werkstatt zu gehen. Das ist eine korrekte und sinnvolle Maßnahme in Diensten guter Hygiene.

In der Werkstatt wird nun der noch schlachtwarme Tierkörper zerlegt. Das geht leicht und mit viel weniger Kraftanstrengung als beim Zerlegen eines gekühlten und steifen Tierkörpers. Wir haben ein System entwickelt, im Hängen Muskel für Muskel »abzulösen«, bis schließlich das Knochengerüst, die Karkasse, übrig bleibt. Schwerkraft und das Nutzen von Drehmomenten helfen dabei mit. Wir haben das System »Zerlegen nach dem Jiu Jitsu-Prinzip« genannt. Die dafür notwendigen Fertigkeiten beherrschen – leider – nur noch wenige Metzger. Aber sie sind noch nicht ausgestorben, die Könner; und junge engagierte Metzger, die die Idee vom besseren Fleisch aufgreifen, kümmern sich erneut um das, was an der guten alten Warmfleischmetzgerei zukunftsfähig ist (weitere Informationen oder berufliche Kontakte sind in Herrmannsdorf erhältlich, siehe Anhang).

Durch schnell ablaufende Prozesse und das Absinken des PH-Wertes geht der sogenannte Warmfleischeffekt schnell verloren. Bei stressfreier Tötung haben wir beim Rind daher nur etwa drei bis vier Stunden, bei Schweinen rund zwei bis vier Stunden Zeit vom Ausbluten bis zum Beginn des Verarbeitungsprozesses, bei dem das Fleisch mit Salz in Berührung kommt.

Die für den Verkauf bestimmten Teile vom Rind aus der Keule, dem Rücken und der Schulter werden liegend ausgekühlt und sodann vakuumverpackt und im Vakuum ausgereift. Genauso wird es auch mit bestimmten Teilen vom Schwein wie dem Schinken, dem Kotelett, dem Bauch und den Bratstücken aus der Schulter gemacht, die für den Verkauf bestimmt sind. Beim Rind lassen wir den Rücken vom Hüftknochen bis zum Nacken im Ganzen reifen und abhängen. Die Fettseite wird mit einem salzfeuchten Tuch abgedeckt, um sie schön hell und glatt werden zu lassen. Das ist die klassische Methode für höchste Geschmacksqualität (»drei Wochen am Knochen und im Fettmantel gereift«). Die Kochschinken werden noch schlachtwarm gepökelt. Fleisch und Speck werden schlachtwarm zu Kochwürsten (Leberwürsten), Brühwürsten (Bratwurst, Kochsalami, Lyoner, Wiener, Jagdwurst) sowie Salamis verarbeitet. Die rohgepökelten Erzeugnisse werden gesalzen und im Kühlraum (Raum ⑥) durchgepökelt.

Die wichtigste Verarbeitungsmaschine ist der Fleischwolf. Der muss von guter Qualität sein. Der Wurstfüllapparat kann durchaus handbetrieben sein, so wie früher. Bei relativ kleinen Mengen genügt das. Das Wurst- und Schinkensortiment umfasst etwa fünfzehn Sorten. Das genügt, um alle Fleischteile optimal zu verwerten, die typischen Erzeugnisse anzubieten und die Kundenwünsche nach vernünftiger Abwechslung zu befriedigen. Alle Erzeugnisse haben einen echt »bäuerlich-handwerklichen«

Charakter. Die Würste werden überwiegend in natürlichen Därmen aus der eigenen Schlachtung abgefüllt. Das ist schön und zudem preiswert. Das Schnittbild einer solchen Wurst zeigt viele grobe Fleischstücke mit kleinen Fettwürfeln, weit entfernt von den feinstzerkleinerten Fleisch- und Fettemulsionen der Industrievarianten.

Die Gewürze werden selbst zusammengestellt. Der Meister muss die Kunst des Würzens selbst in der Hand haben. Er muss selber entscheiden, welche Gewürze in welcher Menge für welche Wurst verwendet werden, und er muss auch mal variieren und »spielen« können; das alles ist weit entfernt vom industriellen Einheitsgeschmack. Vielmehr muss der echte Geschmack guten Fleisches und guten Fettes deutlich spürbar sein und unverfälscht durch die sonst üblichen Zusatzstoffe wie Geschmacksverstärker, Zitrate, Ascorbate, Emulgatoren, und so weiter.

In der Werkstatt gibt es einen Kochkessel und einen einfachen Rauch (Raum ⑦), so wie das vor fünfzig Jahren noch üblich war. Die heute üblichen prozessgesteuerten Koch- und Räucherautomaten sind bequem, aber auch sehr teuer, denn sie verbrauchen viel Energie und sind wartungsintensiv. Wir haben gute Erfahrungen gemacht mit einer Räuchervorrichtung, einem Rauch, der mittels Holzfeuer und Sägemehl wieder (so wie früher) einen guten und natürlichen Rauchgeschmack erzeugt. Hier können Brühwürste geräuchert und »umgerötet«, Leber- und Blutwürste kalt nachgeräuchert sowie rohe Schinken langsam naturgeräuchert werden.

In der Werkstatt steht auch die kleine Vakuummaschine zum Verpacken der Fleischteile für den direkten Verkauf. Für das Langzeitreifen von Salami und Schinken bedarf es zusätzlicher, etwas komplizierterer Einrichtung, etwa die im Kapitel *Schweine sind mehr als Kotelett und Schinken* bereits ausführlich beschriebenen Reifegewölbe.

Für das Umkleiden der Mitarbeiter, das Waschen, die Toilette und den Pausenraum ist ein zweckmäßig ausgestatteter Mitar-

Modell der Wetterschutzhaut im Verhältnis eins zu drei

beiterbereich vorhanden (Raum ④). Das Schlacht-Fest-Haus wird komplettiert durch einen kleinen Verkaufsladen – es ist also wortwörtlich alles wieder unter einem Dach. So sieht eine »Öko-logie der kurzen Wege« aus; so können der Meister und ein Ge-hilfe alle Arbeiten erledigen, vom Schlachten bis zum Verkauf.

Der Energieverbrauch ist unvergleichlich und sensationell niedrig, weit niedriger als bei der sonst üblichen arbeitsteiligen Wirtschaftsweise mit den vielen notwendigen Kühlräumen, den Kühltransporten, den Verpackungen und so weiter. In dem so angelegten Schlacht-Fest-Haus ist alles so ganz anders; ihr Betrieb bricht – Handgriff für Handgriff – die Dogmen der Mo-derne und zeigt, dass es so geht, weil es nur so gehen kann.

Die anderen Wirtschaftsweisen im Inneren brauchen auch eine andere äußere Form, damit die Menschen schnell erkennen können, dass ein Schlacht-Fest-Haus nichts mit einem gemeinen

Modell eines Schlacht-Fest-Hauses in Leichtbauweise mit Wetterschutzhaut

Schlachthaus zu tun hat. So haben wir uns eine »Wetterschutzhaut« ausgedacht, eine elegante, leichte Konstruktion aus Holz-
latten, die eine starke, durchscheinende Folie trägt – ganz nach
den Ideen des berühmten Architekten und Konstrukteurs Frei
Otto. Sie hält Wind, Regen und Schnee ab, so dass die Gebäude
im Inneren darunter extrem leicht gebaut werden können.

Die Decken in allen Verarbeitungsräumen sind schräg ausgelegt. So wird durch natürliche Thermik eine gute Be- und Entlüf-
tung möglich. Der Rauch (die Räuchervorrichtung) hat seinen
Platz nicht direkt in der Werkstatt, sondern gleich im Raum nebenan. So wird das Raumklima in der Werkstatt nicht durch
Wärme und Rauch beeinträchtigt.

Die Abläufe und Strukturen im Schlacht-Fest-Haus sind so organisiert, dass relativ leicht verändert, ergänzt und vergrößert
werden kann, ohne die Grundstrukturen zu zerstören.

So kommen äußere Eleganz und innere Intelligenz auf eine sinnvolle Weise zusammen. Die entstandenen und hier gezeigten Bilder von den Tieren und ihrer Lebewelt einerseits und dem »Ort der Umwandlung« der Tiere in Fleisch andererseits sprechen für sich; sie sind Kommunikation und lebendiges Marketing – eines, das glaubwürdig und stimmig wirkt.

Ein solches Schlacht-Fest-Haus kann in der einfachsten Variante, fix und fertig eingerichtet und weitgehend vormontiert, für etwa 250 000 bis 300 000 Euro geliefert werden. Im Schlacht-Fest-Haus sollten pro Woche mindestens zwei Schweine, also im Monat acht Schweine geschlachtet, zerlegt und verwurstet werden (Grundauslastung). Bei voller Auslastung können pro Woche zum Beispiel acht Schweine oder ein Rind und sechs Schweine oder auch zusätzlich eine kleine Zahl von Geflügel »umgewandelt« werden.

Bei der Mindestauslastung von zwei Schweinen pro Woche (also acht Schweinen pro Monat) und bei bester Wertschöpfung (das heißt, jedes Teilstück vom Schwein und alles, was nutzbar ist, wird optimal verwertet) sieht die Rechnung wie folgt aus:

Kostenaufwand für die Tiere:	
8 Schweine pro Monat à 120 Kilo Schlachtgewicht	
bei 3,30 Euro / Kilo macht 396 Euro pro Schwein × 8:	3 168 Euro
Umsatz:	
Aufwand für die Schweine 3168 Euro	
× Faktor 4 (Erfahrungswert)	12 672 Euro
Spanne zur Deckung aller Kosten:	
Differenz von Umsatz und Aufwand für die Tiere:	9 504 Euro

Bei der Mindestauslastung werden alle laufenden Kosten gedeckt, außer Abschreibungen und Zinsen für die Investition. Unter die laufenden Kosten fallen etwa der Metzgermeister und ein Gehilfe, die Gewürze und Verpackung, der Energieverbrauch, die Fleischbeschau und die Entsorgung. Es entsteht allerdings noch kein Gewinn. Den gibt es erst bei einer Auslastung über das Minimum hinaus. Wenn etwa an vier Tagen in der Woche je zwei Schweine geschlachtet und verarbeitet werden, kommt ein angemessener, am Anfang noch kleiner Gewinn zustande, wie folgende Rechnung zeigt:

Kostenaufwand für die Tiere:	
32 Schweine pro Monat à 396 Euro	12 672 Euro
Umsatz:	
Aufwand für die Schweine 12 672 Euro × Faktor 4	50 688 Euro
Spanne zur Deckung aller Kosten:	
Differenz von Umsatz und Aufwand für die Tiere	38 016 Euro

Die Kosten steigen degressiv, da die Effizienz mit steigendem Umsatz zunimmt.

Alle technischen Details, alle Hygieneanforderungen sowie die Prozessabläufe sind so gestaltet, dass das Veterinäramt eine Genehmigung erteilen kann.

Das Schlacht-Fest-Haus ist im wahrsten Sinn des Wortes »the missing link«, das fehlende Glied zwischen tierhaltenden Bauern und dem Verbraucher. Das schafft zum ersten Mal für Bauern und Metzgerhandwerker Freiheit und Unabhängigkeit vom agroindustriellen System. Das Schlacht-Fest-Haus zeigt, dass es auch ohne Großschlachthäuser geht!

Small is Beautiful heißt das Buch von Ernst Friedrich Schumacher, mit dem Untertitel *Rückkehr zum menschlichen Maß*, das mich vor dreißig Jahren beeindruckt und geprägt hat. »Wo immer etwas falsch ist, ist es zu groß« war das Credo von Leopold Kohr, dem großen Philosophen aus Salzburg. Die Zeit in der zweiten Hälfte des letzten Jahrhunderts war noch nicht reif für solche Gedanken. Wir wollten technische Perfektion. Automaten. Und wir bewunderten Größe und wurden zu Sklaven der Automaten.

Jetzt, in der großen Krise, ist die Zeit reif, reif wie eine Frucht.

Meiner Vier-Hektar-Vision eingeschrieben sind die Idee und die Überzeugung: Das Land muss wieder bewohnbarer werden. Seine Verhässlichung – meist im Namen »des Fortschritts« vollzogen – ist ein Preis, den wir nicht länger zu zahlen gewillt sind. Die Gesichtsamputationen durch die moderne Landwirtschaft, die Steinigung der Fluren mit Schuhkarton-Architektur, die Mais-Malaise horizontweit ... das darf nicht das letzte Wort sein.

Ich freue mich, dass der renommierte Stadt- und Raumplaner und Biologe Professor Karl Ganser mir den Wunsch erfüllt hat, darüber nachzudenken, ob oder wie die symbiotische Landwirtschaft der Agrikultur wieder Kultur zurückgeben kann und der Landschaft wieder Land.

Karl Ludwig Schweisfurth
Herrmannsdorf bei Glonn, im Dezember 2009

Von Schweinen, Geld und Landschaft
Ein Nachwort von Karl Ganser

Jedem sein Schwein

In Deutschland werden jedes Jahr etwa 50 Millionen Schweine geschlachtet. Bei einer durchschnittlichen Lebensdauer eines Normalschweins von einem halben Jahr stehen in den Ställen etwa 25 Millionen Mastschweine; angenommen, ein durchschnittlicher Bürger würde seinen Fleischkonsum nur mit Schweinefleisch decken, vertilgte er jedes Jahr ein Schwein. Die allermeisten dieser Schweine kommen aus riesigen Mastbetrieben und werden in wenigen, noch größeren Fleischwerken verarbeitet. Der größte Schlachthof bewältigt allein ein Zehntel der 50 Millionen, tötet und zerlegt 20 000 Schweine pro Werktag. Das Fleisch lagert in den Kühlhäusern der Fleischhändler – manchmal weit über das Verfallsdatum hinaus.

Schweinefleisch ist billig wie nie an den Theken von Aldi, Lidl, Metro oder Edeka. Vom Endpreis aber kommt beim Erzeuger wenig an. Das wussten Sie – spätestens seit Sie dieses Buch gelesen haben. Aber nun das Neue – von dem ich gleich einräumen muss, dass es vorerst nur das gedachte, das gewünschte Neue ist: Es geschieht etwas Unerhörtes. Alle Menschen denken darüber nach, wie schlecht es diesen armen Schweinen geht und wie schlecht das ist, was sie von ihnen essen.

Und die Menschen kommen zum Schluss: Wir wollen von nun an unser eigenes Schwein. Jeder von uns! Wir wollen wissen, wo es herkommt, wie es aufwächst und wie es geschlachtet wird; und wir geben unserem Schwein einen Namen. Wir verlangen, dass unser Schwein sein kurzes Leben lang frei auf einer eigenen

Parzelle von etwa zweitausend Quadratmetern Größe weidet und wühlt. Dafür bezahlen wir gerne den doppelten Preis: die eine Hälfte für das gute Leben und Sterben der Schweine und die andere Hälfte für uns, für unsere gesunde Nahrung.

Dabei wollen wir sicher sein, dass unser gezahltes Geld gänzlich beim Hirten ankommt, der die Schweine hütet, schlachtet, zerlegt und verarbeitet – wohlgemerkt: selbst verarbeitet, bei sich oder bei uns zuhause. Unser Schwein weidet in unserer Nähe. Dort holen wir am Schlachttag anlässlich eines Schlachtfestes die Produkte unseres Schweins selbst ab. Und außerdem ...

Stopp!

Dazu wird es nicht kommen – so vermutlich die fast einhellige Beurteilung dieser Wunschvision. Warum nicht? Weil die Menschen dazu neigen, sogleich an ihren kühnen Gedanken zu zweifeln, und weil immer genug Fachleute bereitstehen, um ihnen zu erklären, weshalb von der Norm abweichende Vorstellungen Unfug sind.

Zweitausend Quadratmeter für ein Schwein zum Beispiel sei Landverschwendung. In den Mastmaschinen muss ein Schwein mit einem Quadratmeter auskommen. Kommt es das wirklich? Seriös gerechnet müsste man dem einen Quadratmeter auch die Flächen für den Mastfutteranbau (das, wie in der Einleitung dargelegt, zu einem Gutteil aus Entwicklungsländern stammt) hinzurechnen, für Transportwege, Verarbeitungshallen und Großmärkte. Dann würde das Mastschwein zusätzlich zu seinem Mastgefängnis – bildlich gesprochen – einen Rucksack, gefüllt mit einer gigantischen Folgefläche, mit sich herumtragen.

Wie kamen eigentlich die zweitausend Quadratmeter Platz für ein Weideschwein ins Gespräch? Weil in Herrmannsdorf bei Glonn ein alter, erfahrener Metzgermeister mit der Weidehaltung von Schweinen erfolgreich experimentiert. Dort weiden und wühlen zwanzig Schweine auf vier Hektar Land nach Schweinelust. Diese Rotte bildet eine harmonische soziale Gruppe.

Aber schnell mal hochgerechnet: 25 Millionen Schweine in Deutschland à zweitausend Quadratmeter (oder 0,2 Hektar pro Tier) macht fünf Millionen Hektar Weideland für freie Wühlschweine. Da diese Weideschweine aber doppelt so lange leben dürfen wie »Intensivschweine«, beläuft sich die Rechnung auf zehn Millionen Hektar.

Landverschwendung? So viel Fläche können wir uns nicht leisten – oder doch? Es geht um 50 Prozent der zwanzig Millionen Hektar landwirtschaftlich genutzter Fläche in Deutschland. Diese gigantische Fläche würde in der symbiotischen Landwirtschaft allerdings mehrfach genutzt, da Schweine, Geflügel, Rinder und Schafe gleichzeitig diese Fläche bevölkern – in Symbiose.

Aber es könnte auch die Hälfte für diesen kühnen Gedanken ausreichen: Jedem Deutschen nur sein halbes Schwein. Denn ein ganzes Schwein im Jahr macht fett und krank. Halb so viel, aber dafür ein gesundes Lebensmittel, das wäre gleichzeitig Gesundheitsvorsorge und nachhaltiger Umweltschutz. Und die bereitwillig gezahlte doppelte Geldmenge (pro Jahr) für Weide- statt Industrieschwein würde sich halbieren. Unterm Strich: Ein Vielfaches an Qualität zum Discount-Preis. Verstanden?

Unser Geld bleibt hier

Dem ländlichen Raum geht es schlecht, das hört man allenthalben. Dem Raum? Oder den Menschen? Oder beiden?

Offensichtlich wird es bei den Menschen. Die Bauern klagen, die Handwerker auch. Die jungen Menschen wandern ab. Traditionsbetriebe schließen. Die Arbeitslosigkeit ist hoch. Die Kommunen sind verschuldet. Der Staat fördert vor allem die großen Zentren. Von Zeit zu Zeit entdeckt die Politik den ländlichen Raum mal wieder und macht Versprechungen auf Grundlage alter Rezepte, die schon früher nicht geholfen haben. Lassen wir die Frage vorerst unbeantwortet, wie berechtigt solche Klagen sind.

Nehmen wir an, die Menschen im ländlichen Raum denken darüber nach, wohin ihr Geld fließt. Es fließt ab, hinaus. Also beschließen sie: Unser Geld bleibt hier! Hier in der Region, im Unkreis von etwa fünfzig Kilometern. Sie überlegen, wo sie einkaufen, und bedenken dabei auch die Herkunft der Ware; sie überlegen, wohin sie verreisen, wohin sie zum Essen gehen, wie weit sie mit ihrem Auto fahren. Die Produzenten von Waren stellen missvergnügt fest, dass ihre Vorlieferungen von weither kommen und der Absatz weit in die Ferne geht.

Jetzt aber soll unser Geld hier bleiben. Wir ordern also ab sofort für uns von hier. Wer sich mit diesem Vorsatz auf die Suche macht, wird fündig, mehr als vermutet. Dennoch: Es mangelt kräftig an Angeboten und erst recht an entsprechender Werbung. Dabei ist die »Regio«-Idee nicht ganz neu. In der Fachsprache der Regionalpolitik ist die Rede von »Regionalisierung der Wertstoffketten« und von »Regionalmarketing«, manchmal sogar von »regionalem Clustering«, was wohl heißen soll, dass man etwas zu einem Verbund zusammenführt.

Aber über Studien und bescheidene Ansätze ist solche Politik bislang nicht hinausgekommen. Hoffnungsvolle Modelle gingen frühzeitig wieder ein. Es fehlen die Akteure, Produzenten, Käufer, die sich dem Denkgebäude Regionalisierung wirklich verschreiben. Ein bisschen regionale Vermarktung bei landwirtschaftlichen Erzeugnissen reicht nicht aus.

Und längst hat auch der »Bio-Boom« bei Lebensmitteln die regionale Herkunft verraten. Was in Supermärkten in der Bio-Abteilung liegt oder bei Bio-Ketten vertrieben wird, trägt sehr oft einen Malus-Stempel mit der (allerdings nicht sichtbaren) Aufschrift: lange Wege, konservierende Verarbeitung, schlechte Energie- und Wasserbilanz.

Unser Geld bleibt hier? Trotz alledem?

Wir kommen darauf zurück. Zuvor ein weiterer Blick ins Land.

Kein schöner Land

Vom Grübeln über den Verbleib des Geldes ist der Weg nicht weit
zum »Gründeln« in der Landwirtschaft, im Boden, in den Gewässern, im Bewuchs, in dem, was angebaut wird. Fokussieren
wir kurz einen Prototyp, eine Art Charaktergestalt der ländlichen Moderne: Der Landwirt verlässt die klimatisierte Kabine
seines Traktors mit der Hochleistungs-Soundanlage und steigt
die zweieinhalb Meter auf den Ackerboden hinab, nimmt die
Erde in die Hand, erstmals.

Was sieht er? Erst einmal nichts, denn er hat verlernt zu sehen. Aber das wird ihn nicht daran hindern, ein paar einschlägige und abschlägige Kommentare abzusondern: »Tja, so sieht's
ja überall aus, Erde halt ... und rundum Landschaft ... ganz
schön, irgendwie ... ja, das mit den Öko-Lebensmitteln und der
Massentierhaltung haben wir auch schon mal gehört. Aber Landschaft? Bloß keinen Landschaftsschutz, jeder soll bauen dürfen,
wie er will.«

Landschaftsschutz?

Da könnten wir unseren Traktorfahrer beruhigen; Es gibt
kaum noch etwas zu schützen. Jedes Dorf hat neue Baugebiete
für Eigentümer, die größer sind als der Dorfkern mit den leer-
stehenden alten Häusern. Fast jedes Dorf hat ein eigenes Gewerbegebiet mit breiten Erschließungsstraßen und grobschläch-
tigen Gebäudekisten in der Flur. Die Parzellen für Ackerbau und
Grünland werden immer größer und mit ihnen die Maschinen.
Es wird bis an die Gewässer heran gedüngt und gespritzt und
bis zum letzten Zentimeter an den Feldweg heran geackert. Der
Himmelsschlüssel blüht nur noch in der Nische, die vom letzten
Spritzer Jauche nicht erreicht wurde. Die viel besungene Blu-
menwiese ist aus dem Grünland verschwunden. Fruchtende und
blühende Feldgehölze frisst der Häcksler. Plastikverhüllte Fahr-
silos liegen aufdringlich stinkend in der Landschaft.

Der Landmann ist längst nicht mehr fröhlich. Wie könnte er

auch, denn es geht ihm schlecht und er protestiert für ein »Weiter so mit höheren Subventionen!«

Aber nun ist er ja vom Hochsitz seines Traktors herabgestiegen auf die Erde, und er hält etwas Ackerboden in seiner Hand. Wir sagen ihm, was er nicht sehen kann, aber spüren könnte: In einem Gramm Boden sind eine Milliarde Lebewesen verborgen. Der Boden ist die wichtigste ökologische Ressource und das Langzeitkapital der Landbewirtschaftung. Seine lockere Struktur aus mineralischen Partikeln erlaubt die lebenswichtige Zirkulation von Luft und Wasser, und die kleineren Poren speichern das Lebenselixier Wasser über eine lange Zeit.

»Aha! Auf diesem Wunderwerk stehe ich also«, könnte unser Traktorfahrer sagen, wenn wir ihn uns aufgeschlossen denken. »Wie viele Poren hat wohl mein Boden, auf dem ich zum fünften Mal in Folge Mais anbaue und den ich mehrfach im Jahr mit schweren Geräten überfahre? Wie viele der Milliarden Lebewesen halten das aus? Wohin geht eigentlich mein Maiskorn, und wie kommt es wo zurück? Vielleicht geht es in die Schweinemast? Wie wäre es, wenn man die Schweine einfach in den Maisacker triebe? Wie viel mehr Poren hat ein Boden unter Schweinebeinen als einer unter Traktorreifen?«

Jemand müsste so einen tiefsinnig denkenden Landwirt mit jenen zusammenbringen, die ihr eigenes Schwein haben wollen und mit denen, die ihr Geld hier behalten wollen. Höchste Zeit, mit dem Zeitalter der Landeskultur zu beginnen. *Schützen* reicht längst nicht mehr aus. Landeskultur *schüren* hilft dem ländlichen Raum.

Das Schweine-Paradies

Der große alte Metzgermeister sitzt gern und lange und zu jeder Jahreszeit auf seiner Schweineweide und schaut den Tieren zu. Er beobachtet genau und unvoreingenommen. Konrad Lorenz würde an diesem Verhaltensforscher seine helle Freude haben, zumal er immer wieder betont hat, dass Amateure – in dem Wort steckt »Liebhaber« – nicht selten genauer beobachten als Profis. Er ist sich sicher: Diese Schweine sind glücklich. »Ich kann es sehen«, sagt Karl Ludwig Schweisfurth. Und wer ihm nicht glaubt, dem versichert er: »Ich habe reichlich Erfahrungen mit Schweinen in Stallhaltung – zum Vergleich.«

Aber dennoch, es werden wissenschaftliche Beweise gefordert. *Er* braucht sie nicht. Aber weil sie eben doch gebraucht werden und weil sich die satten Großforschungsanstalten um Randthemen wie Schweineglück nicht kümmern, hat er in Herrmannsdorf die »erste private Versuchsanstalt für eine symbiotische Landwirtschaft« ins Leben gerufen. Der Garten Eden dieser Schweine ist von Baumhecken mit einer großen Vielfalt von blühenden, fruchtenden Arten begrenzt. Es gibt dazu auch noch einen (vorgeschriebenen) Sicherheitszaun, aber den sieht man nicht, weil er gut eingewachsen ist. In und unter diesen Hecken halten sich die Schweine am liebsten auf. Dort ist Schatten und es kann über den Hunger hinaus genascht werden.

Auf den Feldern innerhalb der Heckenbegrenzung sind nahrhafte und bunt blühende Pflanzen eingesät: blau blühende Phacelia, leuchtend gelbe Sonnenblumen oder purpurroter Inkarnatklee fallen besonders ins Auge – jedenfalls ins menschliche. Weit über vierzig Futterpflanzen wachsen auf dem Tisch im Schweineparadies. Der gedeckte Tisch wird abgefressen und nach einweißhaltigen Lebewesen durchwühlt. Abgeerntet sieht dieser Tisch weniger attraktiv aus: Gleich daneben liegt eine Fläche, die von wühlenden Schweinen vorgeackert ist und vom leichten Grubber für die Saat bereitet ist. Das sieht vorübergehend wie Brache aus. Schließlich besteht diese »Drei-Felderwirtschaft« noch aus einer Fläche, auf der Saatgut keimt und wächst. Koppeln trennen diese Felder.

Wohlüberlegt platziert sind die Wohnhütten der Schweine, schöne Architekturen aus Holz. Die Nähe zu dem »Skulpturenpark«, der Herrmannsdorf schmückt, ist unverkennbar. Das eigentliche gestalterische Ereignis aber sind die Tiere selbst mit ihren Formen, Farben und Bewegungen. Schweine in Symbiose mit Hühnern lassen ein federleichtes und schweineschweres Gemälde entstehen.

Das alles sieht nur, wer sich die Zeit nimmt, andere Landschaftsbilder auf sich wirken zu lassen. Wer sich indes mit dem Maß des Kleingartens, des Stadtparks, des Golfplatzes oder der monotonen Maisfläche seinen Blick verstellt, der wird mit Worten wie »ungeordnet«, »ungepflegt« und somit »unattraktiv« urteilen.

Mensch und Schwein gestalten das Bild dieser Weidehaltung gemeinsam. Dabei gibt es ein landschaftsgestalterisches Interesse, das über die Ansprüche der artgerechten Schweinehaltung hinausreicht. Das ethisch Gebotene, das Nützliche, das Naturnähere und Gesunde – all das bewirkt, wenn es denn verwirklicht wird, auch das Schöne: eine ansehnliche Landschaft.

Lockruf der Schönheit

Wir stellen uns vor: Für 25 Millionen Schweine in den Ställen deutscher Lande würden rund eine Million Paradiese von vier Hektar Größe vom Himmel fallen. Sie würden sich zufällig in den Fluren verteilen und Wurzeln schlagen. Das wäre eine Provokation für die Wirtschaft im ländlichen Raum, ein provozierendes Landschaftsbild obendrein. »Pro-vocation« bedeutet dem Wort nach »(etwas) hervorrufen«, und zwar Chance und Protest in einem.

Provoziert fühlte sich, käme es so, die herkömmliche Landwirtschaft, die aus ihren Zwängen nicht herauskommt. Eine Provokation wäre es auch für die dominierende Form der ländlichen Entwicklung: immer noch eine Straße mehr; immer noch ein Gewerbegebiet für die Ansiedlung eines Fachmarktes, wo doch schon vier oder fünf da sind; immer noch weitere Agrarförderung für Betriebsformen und Produkte, die im Markt allein nicht bestehen können.

Und wie würden diese Vier-Hektar-Paradiese von den Landschaften und ihren Bewohnern empfangen und empfunden? Als Schönheiten? Oder als Störungen des Landschaftsbildes? Jedenfalls sollte es der Schweine-Weidewirtschaft nicht so ergehen wie den Windrädern. Die sind energiepolitisch gut, werden aber vielfach aus ideologischen oder landschaftsästhetischen Gründen bekämpft. (Wobei es durchaus passiert, dass Atomkraft- oder Kohlelobbyisten für eine Eindämmung nachhaltiger Energiegewinnung sind, sich aber landschaftsästhetischer Gründe bedienen.)

Die tatsächliche oder vermeintliche Störung der Landschaft wird offenbar gern als probates Argument gesehen. Aber man stelle sich vor: Inmitten der sattgrünen Landschaft im Allgäu würden diese heckenbegrenzten, vier Hektar großen Paradiese die golfplatzartige Silage-Landschaft stören. Falsch! Sie würden sie bereichern! Wo jetzt Strauch und Baum nur Hindernisse sind und wo auf grünen Matten aber auch gar nichts blüht, da bekäme die Landschaft plötzlich Struktur und Farbe. Oder sie fielen in gut gewachsene Kulturlandschaften, die es noch da und dort gibt, Landschaften mit markanten topografischen Formen. Unpassend? Nein, da sollte die Idee weit weniger stören als das Solardach in der harmonischen Dachlandschaft eines alten Dorfkerns.

Frühere Formen der Beweidung haben Landschaften hervorgebracht, die heute in der Obhut von Naturschutz und Kulturgüterschutz stehen. Dazu zählen so populäre Szenerien wie die Wacholderdriften mit den kegelig gebissenen Wacholderbüschen auf der Schwäbischen Alb und der Frankenalb. Der Mythos Heide ist ein Ergebnis der Schäferei. Auch die Streuobstwiese ist ein solches Kulturgut. Und das weltweit größte Vorkommen der Sumpfgladiole ist auf Beweidung angewiesen;

daher grasen auf den Lechwiesen bei Königsbrunn nördlich von Augsburg die Wildpferde des Landschaftspflegeverbandes. Sie machen die Arbeit der früheren Wanderschäferei.

Auffällig strukturierte Landschaften wirken offenbar anziehend auf angeborene ästhetische Prägungen der Menschen: die Teichlandschaften in der Oberpfalz zum Beispiel, die Heckenlandschaften in der Bretagne, die Klammerung der Hügel durch die Mauern aus Lesesteinen, die Terrassen des Reisbaus in Ostasien ... Symbiotische Landwirtschaften mit Weideschwein-Oasen könnten sich aneinanderreihen und in bestimmten Regionen landschaftsprägend und gehäuft vertreten sein. Das geht nicht? Bei Spargel oder Hopfen oder Gemüse geht es. Außergewöhnliche Produkte dürfen offenbar außergewöhnlich landschaftsprägend sein: Spargel mit seinen Trapezfurchen oder Hopfenstangenwälder.

Der Schweinehirte in einem Schweineparadies à la Herrmannsdorf ist mehr als Tiervermehrer, Ackerbauer und Fleischlieferant. Er ist auch Gärtner und Landschaftsarchitekt. Denn das Paradies soll Farbe, Formenreichtum und üppige Vielfalt darbieten. Wer durch das Tor in die heckenumgrenzte andere Welt eintritt, soll überwältigt sein, nicht nur beim ersten Mal. Diese Provokation durch Schönheit kann ihrerseits den Weg bereiten für eine große Innovation in der Tierhaltung und in der Lebensmittelqualität.

Es ist nicht völlig vermessen, Schwein wie Wein zu denken. Weinbaulandschaften sind immer anziehend. Form und Farbe des Weinbergs sind die äußeren Zeichen im Bild dieser Landschaften. Mit Wert beladen wird dieses Bild durch die Geschichten um den Wein und durch den Mythos eines uralten Produktes. Und auch mit der Schäferei ist noch immer eine über die heutige wirtschaftliche Bedeutung hinausreichende Wertschätzung verbunden.

Was aus dem www-Kotelett wird, kann sehr wohl an die Frage gekoppelt sein: Wie steht es mit der Pracht des Gartens, in dem

es heranwächst? Kann und darf das www.Weideschwein nicht
nur im Auftrag der Esskultur, sondern auch im Sinne der Kulturlandschaft wühlen?

Euro und Regio

Es ist nicht verboten, eine neue Währung zu erfinden und in den
Verkehr zu bringen – zum Beispiel den Regio. Grundvorausset-
zung für eine Währung muss allerdings sein, dass sie seriös ist
und genügend Vertrauen bildet. Der Regio ist ein Zahlungsmit-
tel mit beschränkter Geltung: Er gilt nur für eine konkrete Region und ist gebunden an Produkte von besonderer Art. Alle
Produkte lassen sich auch mit Euro kaufen; die Umtauschrate
beträgt eins zu eins.

Der Regio ist eine Demonstration der Bindung und der Förderung regionaler Wirtschaftskreisläufe nach dem Prinzip:»Unser
Geld bleibt hier.« Aber sie ist mehr als eine symbolische Veran-
staltung: Eine Region muss Produzenten und Produkte kultivie-
ren, die mit dem Regio ausgezeichnet werden. Im Klartext: Mit
dem Regio kann man nur das kaufen, was »regio-proofed« ist.
Ab einer gewissen Vielfalt der Anbieter und Käufer entsteht ein
Markt, der eine Regio-Währung lohnend macht. Die www.Wei-
deschweine und ihre Produkte könnten die Zugpferde für den
jeweiligen Regio sein, die Qualitätsnorm, an der orientiert eine
Produktpalette entsteht, die »regio« und »öko« ist.

Neuland

Vom benachteiligten ländlichen Raum war schon die Rede. Aber
ist diese Benachteiligung real oder nur das Resultat statistischer
Betrachtungsweise? Indikatoren wie Arbeitslosenquote, Inlands-
produkt, Kaufkraft oder Abwanderung suggerieren eine Zweit-

klassigkeit des Landes. Aber diese Indikatoren sagen wenig über die Lebensqualität aus. Geringere Einkommen auf dem Land werden durch niedrigere Immobilienpreise mehr als kompensiert; Mobilität ist weniger belastend; die Wege sind kürzer, man verbringt weniger Zeit im Stau und hat keinen Stress bei der Parkplatzsuche; und für Nachbarschaftshilfe und soziale Nähe gibt es auf dem Land meist bessere Bedingungen als in der Stadt. Die Zahl der Menschen, die sich für mehr Wohlbefinden bei weniger Wohlstand entscheiden, wird statistisch nicht erfasst. Aber von diesen Menschen gibt es im ländlichen Raum wohl signifikant mehr als im städtischen Raum. So betrachtet relativiert sich die Benachteiligung der Bewohner ländlicher Räume.

Die starre Regionalpolitik für den ländlichen Raum orientiert sich aber noch immer an den statistisch belegten Nachteilen. So wird auf dem Land versprochen und praktiziert, was die Ballungszentren schon etwas üppiger haben. Es wird mehr vom Gewöhnlichen angeboten, anstatt es mit dem Guten des Landes gut sein zu lassen oder es einfühlsam und nachhaltig zu entwickeln und zu verbessern. So haben die Zentren – aber nur, weil mit fraglicher Elle gemessen wird! – immer ein wenig die Nase vorn und die ländlichen Räume fühlen sich in die zweite Klasse versetzt. Da wollen sie weg – zumal die Lektion »ländlich ist gleich provinziell« immer noch sitzt und wirkt. Und so ist es die globale Modernität, die sich auch im ländlichen Raum verbreitet. Unheimlich ist es der Politik und immer mehr Menschen dabei schon: Die globale Uniformierung wird heute häufig angeprangert, der Ruf nach regionaler Identität wird hörbarer. Aber bisher wird am globalen Lack der Einförmigkeit meist nicht ernsthaft, sondern nur rituell gekratzt.

Im Wertbestand und im konkreten Verhalten unterscheiden sich die Menschen des ländlichen Raumes in keiner Weise von denen in den Verdichtungsräumen. Aber hier wie dort gibt es Außenseiter. Vermutlich sind sie auf die große Stadt und das flache Land im Verhältnis sogar gleich verteilt. Diese Außenseiter

als Produzenten, Erfinder und bewusste Käufer zusammenzu-
führen, das gelingt nicht abstrakt. Dafür bedarf es faszinieren-
der Aufgaben, Produkte, Unternehmensformen, Aktionen. Das
Weideschweinparadies könnte so ein Keim sein, um den sich
die Unangepassten sammeln. Der Megatrend der globalisierten
Lebensstile ließe sich wohl selbst mithilfe vieler solcher vom
Himmel fallenden »Schweine-Innovationen« nicht umdrehen.
Aber solche Impulse können mit ähnlichen anderen bewirken,
dass Kulturlandschaft wieder neu gebaut wird und nicht in Mu-
seen und Schutzgebieten abstirbt.

Im Übrigen: Es ist nicht ausgemacht, wo und wie Innovatio-
nen entstehen. Jedenfalls hat die große Stadt keineswegs die
Kreativität gepachtet. Das belegen die höchst erfolgreichen Unternehmen mit Standorten weit abseits der Metropolen ebenso
wie die Patentanmeldungen oder die Preisträger in Sport und
Kultur. Das gilt auch für die Politik: Frau Merkel stammt aus der
Uckermark, Herr Platzeck, kurzzeitiger Vorsitzender der SPD,
kommt ebenfalls von dort, Herr Müntefering, Vorgänger und
Nachfolger von Matthias Platzeck, ist im Sauerland zuhause.

Die Firma Herta ist in einer kleinen Stadt am Nordrand des
Ruhrgebiets, nämlich in Herten, unter Karl Ludwig Schweisfurth zur Weltfirma aufgestiegen. Der ersten Innovation folgte
die zweite in Gestalt einer fast perfekten ökologischen Kreislaufwirtschaft: die Herrmannsdorfer Landwerkstätten bei Glonn,
südöstlich von München gelegen. Und von dort nimmt nun auch
eine dritte Innovation ihren Anfang. Herten und Glonn sind
ländlich geprägte Landschaften. Die ländlichen Räume konnten
in Wirtschaftsweise, Kultur und Politik selbstbewusst eigene
Wege gehen.

Und Karl Ludwig, der Metzgermeister, zeigt uns, dass man
Innovation nicht nur denken, sondern auch verwirklichen kann.

Professor Karl Ganser
Geograph, Stadt- und Raumplaner

Dank an die Mitstreiter

Zuerst waren da meine Kinder Karl, Georg und Anne, die vor mehr als dreißig Jahren in hitzigen Diskussionen dem gehetzten Unternehmer den Spiegel vorgehalten haben:»Vater, das kann es doch nicht sein, immer größer, immer schneller, immer mehr.« Sie haben mich nachdenklich gemacht.

Meine Frau Dorothee hat mir den Mut gegeben, mein Leben neu anzufangen. Sie hat mich bestärkt durchzuhalten gegen alle Widerstände. Ohne sie gäbe es keine Stiftung, kein Gut Sonnenhausen und kein Herrmannsdorf.

Dann kam Sunhild Löwenherz und sagte:»Du musst ein Buch machen und mitteilen, was du gedacht und gemacht hast. Du musst Menschen Mut machen zum Umdenken und zeigen, dass man Entwicklungen, die falsch gelaufen sind, verändern kann und dass man Fehler korrigieren kann.« Sie ließ es nicht beim Ermutigen, sondern half mir, Gedanken zu schärfen und Gliederungen für dieses Buch in Angriff zu nehmen.

Claus-Peter Lieckfeld, einfühlsamer Autor lehrreicher und lesenswerter Beiträge und Bücher über die Natur und ihre Lebewesen, hat geholfen, meine etwas spröde Sprache frischer, spritziger und humorvoller zu machen.

Dr. Günter Postler, Diplom-Agraringenieur und Mitstreiter in der»ersten privaten Versuchsanstalt für eine symbiotische Landwirtschaft« hat die wissenschaftliche Begleitung und die Kontakte zu den Universitäten sichergestellt.

Dr. Anita Idel, Mediatorin, Tierärztin und schon lange zu nachhaltiger Landwirtschaft forschend, verdanken wir nicht nur die einleitende, faktenreiche Analyse der globalen Land-

(miss)wirtschaft, sondern auch wesentliche Ideen und Korrekturen.

Professor Karl Ganser danke ich für das Nachwort und seine Gedanken darüber, wie wir der Landwirtschaft wieder mehr Land und Kultur geben können.

Sven Lindauer, mein junger Schüler, passionierter Metzgermeister und Koch, wirkt mit, an anderen Orten »Archen« zu bauen für Leben und Lebensmittel im besseren Einklang mit der Natur.

Professor Dr. Franz-Theo Gottwald, Philosoph, Theologe und Leiter der Schweisfurth-Stiftung, ist seit mehr als 25 Jahren geduldiger Dialogpartner des ewig suchenden Lernenden; und er ist Vermittler vieler Gedanken und Handlungen in Wissenschaft, Politik und über die Medien in eine breite Öffentlichkeit.

Anhang

Kontakt

»Erste private Versuchsanstalt
für eine symbiotische Landwirtschaft«
Karl Ludwig Schweisfurth und Dr. Günter Postler
Herrmannsdorf 7
85625 Glonn
Telefon 08093/2866
gpostler@aol.com
www.herrmannsdorfer.de

Bei Fragen zu den Einrichtungen der symbiotischen
Landwirtschaft und zum Schlacht-Fest-Haus:
Gabriele Birkett
Telefon 08093/9525
gbirkett@schweisfurth.de

Literaturverzeichnis

Nicole Gerick: *Recht, Mensch und Tier*, Baden-Baden 2005

Franz-Theo Gottwald: *Geschöpfe wie wir. Zur Verantwortung des Menschen für die Nutztiere – Kirchliche Positionen*, München 2004

Anita Idel: *Tierschutzaspekte bei der Nutzung unserer Haustiere für die menschliche Ernährung und als Arbeitstier im Spiegel agrarwissenschaftlicher und veterinärmedizinischer Literatur aus dem deutschsprachigen Raum des 18. und 19. Jahrhunderts. Diss. med. vet.*, Berlin 1999

Nan Mellinger: *Fleisch – Ursprung und Wandel einer Lust*, Frankfurt am Main 2003

Mensch und Tier. Eine paradoxe Beziehung, Ostfildern 2002

Michael Pollan: *In Defense of Food. An Eater's Manifesto*, London 2009

Ernst Friedrich Schumacher: *Small is beautiful. Rückkehr zum menschlichen Maß*, Bad Dürkheim 2001

Karl Ludwig Schweisfurth: *Das Buch vom guten Fleisch. Alles über ökologische Tierhaltung, bewussten Einkauf, richtige Zubereitung und gesunden Genuss*, München 2004

Karl Ludwig Schweisfurth: *Wenn's um die Wurst geht. Mein Weg von der Fleischindustrie zur ökologischen Landwirtschaft*, München 2001

Upton Sinclair: *Der Dschungel*, Gütersloh 1979

Lyall Watson: *The Whole Hog. Exploring the Extraordinary Potential of Pigs*, Washington 2004

Bildnachweise

Karl Ludwig Schweisfurth: Seiten 74, 78, 104, 135, 223, 224, 230, 231
Günter Postler: Seiten 52, 59, 61, 64, 66, 73, 79, 81, 89, 93, 220
Emil Perauer: Seiten 127, 130
Ekaterina Skerlava: Seiten 141, 143, 146

Wir bitten gegebenenfalls um einen Hinweis an den Verlag, falls die Inhaber der Rechte nicht korrekt ermittelt sind.

KARL LUDWIG SCHWEISFURTH
GÜNTER ALTNER
HANS-GÜNTHER KAUFMANN

Schlachten?

Ehrfurcht vor dem Leben
Den Tieren die Würde zurückgeben

48 Seiten, 24 x 24 cm, durchgehend bebildert
Text deutsch/englisch
ISBN 978-3-932949-88-3

Bestellungen über die Schweisfurth-Stiftung,
Südliches Schloßrondell 1, 80638 München
E-Mail: cthomas@schweisfurth.de
Preis: 10,– Euro zzgl. Portokosten
Bankverbindung: GLS-Bank, Konto 820 080 8000, BLZ 430 609 67

WESTEND

Andreas Schlumberger
50 einfache Dinge, die Sie tun können, um die Welt zu retten

256 Seiten mit einem Vorwort von Ernst Ulrich von Weizsäcker. Gebunden

Was kann man als Einzelner schon gegen Dinge wie die globale Erwärmung oder den ökologischen und sozialen Raubbau ausrichten? Eine ganze Menge – und nebenbei lässt sich auch noch Geld sparen. Ob Haushalt, Mobilität oder Ernährung: Überall verstecken sich Ausgabequellen, die der Umwelt schaden und das Portemonnaie belasten. Sie lassen sich clever umgehen, nahezu ohne Komfortverzicht und ohne am bisherigen Lebensstil zu rütteln.

»Ein empfehlenswertes Buch!«
Greenpeace

»Alle Vorschläge taugen dazu, das Gefühl der eigenen Ohnmacht im Angesicht gravierender Umweltprobleme zu nehmen.«
Dr. Ernst Ulrich von Weizsäcker,
Deutscher Umweltpreis 2008

11/1008/01/L

W E S T E N D

Sven Plöger
Gute Aussichten für morgen

Wie wir den Klimawandel für uns nutzen können. 368 Seiten.
Gebunden

Der Klimawandel ist nicht mehr abzuwenden. Aber wir müssen verstehen, welche Auswirkungen er auf unser Leben haben wird. Sachliche Unkenntnis und Lobbyismus verschiedener Interessengruppen aus Wirtschaft, Wissenschaft, Politik und Medien haben jedoch zu einer verwirrenden Vielfalt an Meinungen geführt. Sven Plöger zeigt, wie diese Einzelinteressen überwunden werden können. Und er macht den Blick frei für die Möglichkeiten, die sich uns eröffnen, wenn wir den Klimawandel als Herausforderung begreifen und endlich handeln.

»Sven Plöger ist ein Buch gelungen, das zugleich informiert, unterhält und zum Handeln motiviert.«
Dr. Andreas Fink, Klimaforscher an der Universität Köln

»Neben den wissenschaftlichen Erkenntnissen zeigt Sven Plöger, wie Politik, Wirtschaft und Medien die aktuelle Debatte beeinflussen. Sein Buch ist ein konstruktiver Beitrag auf dem Weg in eine bessere Zukunft.«
Ranga Yogeshwar, Wissenschaftsjournalist und Moderator

11/1004/01/R

6. Auflage!

Regula Meyer

tierisch gut

Tiere als Spiegel der Seele – Die Symbolsprache der Tiere

Im Garten, beim Spazierengehen, beim Joggen – wir genießen die freie Natur um uns herum.
Plötzlich ein Tier – es hält kurz inne – und verschwindet ebenso schnell wie es gekommen ist.
Ein erhebender Moment! Und wir rätseln, was das Tier uns sagen wollte.

Die Schweizerin Regula Meyer beschreibt aus eigener, langjähriger Erfahrung den Sinn und die Deutungsmöglichkeiten für solche Begegnungen anhand von über 190 Tiercharakteren.

Der schamanische Ansatz der Autorin erklärt, wann und wie Tiere als Spiegel unserer Seele wirken.

Alle Beschreibungen handeln von Tieren aus dem mitteleuropäischen Raum und sind mit Fotos versehen.

Um jedem Interessierten den Einstieg zu erleichtern, gibt Regula Meyer Tipps und Ratschläge, was bei der Begegnung mit den Vertretern aus der Tierwelt zu beachten ist.

488 Seiten, über 190 s/w-Abb., 15,1 x 22,8 cm, Hardcover
ISBN 978-3-86663-008-6
€ 26,00 / 44,50 SFR

Mehr Infos, Bücher, Leseproben und Shop auf:
www.arun-verlag.de